21 世纪全国高等教育应用型精品课规划教材

零件数控电火花加工

主　编　蒙　坚　丘立庆

副主编　曾　林

北京理工大学出版社
BEIJING INSTITUTE OF TECHNOLOGY PRESS

内容简介

本教材根据高等教育的培养目标以及本院的专业特点，以典型的数控电火花机床操作作为一门教学学科，使学生掌握一门新技术，为今后的就业增加机会，为经济建设服务增加一门本领。本教材以工作过程为导向，结合实际生产需要，以机械零件产品等载体来展开训练项目，应用“六步”工作程序完成该项工作任务。突出工作任务与知识的联系，采用理论、实践一体化的教学模式来实施教学，使其更贴近实际生产，更符合企业的需求，具有较强的适用性。

本教材适于高等院校机电类相关专业使用，也可供相关专业从业人员参考。

图书在版编目（CIP）数据

零件数控电火花加工/蒙坚，丘立庆主编. —北京：北京理工大学出版社，2009. 8

ISBN 978-7-5640-2716-2

Ⅰ. 零…　Ⅱ. ①蒙…②丘…　Ⅲ. 机械元件-数控机床-电火花加工-高等学校：技术学校-教材　Ⅳ. TG661

中国版本图书馆 CIP 数据核字（2009）第 150803 号

出版发行 / 北京理工大学出版社
社　　址 / 北京市海淀区中关村南大街 5 号
邮　　编 / 100081
电　　话 / (010)68914775(办公室)　68944990(批销中心)　68911084(读者服务部)
网　　址 / http：// www. bitpress. com. cn
经　　销 / 全国各地新华书店
印　　刷 / 三河市南阳印刷有限公司
开　　本 / 710 毫米×1000 毫米　1/16
印　　张 / 9. 75
字　　数 / 181 千字
版　　次 / 2009 年 8 月第 1 版　　2009 年 8 月第 1 次印刷
印　　数 / 1~1500 册　　责任校对 / 陈玉梅
定　　价 / 24. 00 元　　责任印制 / 边心超

出版说明

21 世纪是科技全面创新和社会高速发展的时代，面临这个难得的机遇和挑战，本着“科教兴国”的基本战略，我国已着力对高等学校进行了教学改革。为顺应国家对于培养应用型人才的要求，满足社会对高校毕业生的技能需要，北京理工大学出版社特邀一批知名专家、学者进行了本系列规划教材的编写，以期能为广大读者提供良好的学习平台。

本系列规划教材面向机电类相关专业。作者在编写之际，广泛考察了各校应用型学生的学习实际，本着“实用、适用、先进”的编写原则和“通俗、精炼、可操作”的编写风格，以学生就业所需的专业知识和操作技能为着眼点，力求提高学生的实际运用能力，使学生更好地适应社会需求。

一、教材定位

- 以就业为导向，培养学生的实际运用能力，以达到学以致用的目的。
- 以科学性、实用性、通用性为原则，以使教材符合机电类课程体系设置。
- 以提高学生综合素质为基础，充分考虑对学生个人能力的提高。
- 以内容为核心，注重形式的灵活性，以便学生易于接受。

二、编写原则

- 定位明确。本系列教材所列案例均贴合工作实际，以满足广大企业对于机电类专业应用型人才实际操作能力的需求，增强学生在就业过程中的竞争力。

- 注重培养学生职业能力。根据机电类专业实践性要求，在完成基础课的前提下，使学生掌握先进的机电类相关操作软件，培养学生的实际动手能力。

三、丛书特色

- 系统性强。丛书各教材之间联系密切，符合各个学校的课程体系设置，为学生构建牢固的知识体系。
- 层次性强。各教材的编写严格按照由浅及深、循序渐进的原则，重点、难点突出，以提高学生的学习效率。
- 先进性强。吸收最新的研究成果和企业的实际案例，使学生对当前专业发展方向有明确的了解，并提高创新能力。
- 操作性强。教材重点培养学生的实际操作能力，以使理论来源于实践，并最大限度运用于实践。

北京理工大学出版社

前　言

数控电火花加工是直接利用电能、热能对金属进行加工的一门新兴的科学技术。由于在电火花加工过程中，工具和工件之间不存在显著的切削力，因而能够解决使用常规刀具和切削方法难以解决的加工问题；而且加工用的工具硬度不必大于被加工材料的硬度，如电加工用的成形电极是由紫铜或石墨制造的。

机械制造业是我国国民经济的支柱产业，数控加工是具有代表性的先进制造技术，在模具、汽配等行业已普及。数控电火花加工技术是先进制造技术中的一个重要组成部分，随着工业生产的发展和科学技术的进步，具有高熔点、高硬度、高强度、高韧性、高脆性、高纯度等特殊性能的新型材料不断出现，具有各种复杂结构与特殊工艺要求的工件越来越多，而数控电火花加工能够适应生产发展需要，并在加工中越来越显示出其优越性，因此数控电火花加工的应用越来越广泛。目前，数控电火花加工技术在汽车、精密机械、轻工、电机电器、仪表仪器、宇航、航空、电子、原子能、计算机等行业中，已经成为制造模具的主要方法之一。而且应用范围还在不断扩大，尤其是在个体小企业中应用较广，企业对数控电火花机床操作工的需求量较大。

本教材根据高等教育的培养目标以及本院的专业特点，以典型的数控电火花机床操作作为一门教学学科，使学生掌握一门新技术，为今后的就业增加机会，为服务经济建设增加一门本领。

本教材以工作过程为导向，结合实际生产需要，以机械零件产品等载体来展开训练项目，应用“六步”工作程序完成该项工作任务。突出工作任务与知识的联系，采用理论、实践一体化的教学模式来实施教学，使其更贴近实际生产，更符合企业的需求，具有较强的适用性。

本教材第一篇由蒙坚、曾林、丘立庆、陈湛军编写，第二篇由蒙坚、蓝卫东、熊举化编写，第三篇由曾林、罗炳钧、汤耀年编写，第四篇由蒙坚编写。

由于编者水平有限，书中疏漏和不足之处恳请读者批评指正。

编者

目　录

第1篇　数控线切割加工前必备的知识与技能

第2篇　基于工作过程的数控线切割加工操作技能训练

第 3 篇 数控电火花加工前必备的知识与技能

第1篇

数控线切割加工前必备的知识与技能

知识与技能 1

数控线切割机床的使用与维护

1.1 数控线切割加工概述及安全操作规程

1.1.1 电火花线切割加工原理、应用、分类及特点

1. 电火花线切割加工原理

电火花线切割加工又称放电加工（electrical discharge machining，EDM），是一种直接利用电能和热能进行加工的新工艺。电火花加工与金属切削加工的原理完全不同，在加工的过程中，工具电极和工件并不接触，而是靠工具电极和工件之间不断的脉冲性火花放电，产生局部、瞬时的高温把金属材料逐步蚀除掉。由于放电过程中可见到火花，所以称之为电火花线切割加工。

采用电极移动方式的电火花加工装置称为电火花线切割（Wire-cut EDM 或 Traveling-Wire EDM）。原苏联于 1955 年制成了电火花线切割机床，而瑞士于 1968 年制成了 NC 方式的电火花线切割机床。

电火花线切割加工的原理是“用连续移动的金属丝（称为电极丝）作为工具电极对工件进行脉冲火花放电并切割成形”。电火花线切割加工时，利用工作台带动工件相对电极丝沿 *X*、*Y* 方向移动，使工件按预定的轨迹进行运动而“切割”出所需的复杂零件，其加工示意图如图 1-1 所示。

2. 电火花线切割加工的应用

1）模具零件加工

数控电火花线切割加工主要应用于冲模、挤压模、塑料模、电火花成型机床的电极加工。

2）难加工零件

如在精密型孔、样板及成形刀具、精密狭槽等加工中，利用机械切削加工就很困难，而采用电火花线切割加工则比较适宜。

3）贵重金属下料

由于电火花线切割加工用的电极丝远小于切削刀具尺寸（最细的电极丝尺寸可达 0.02 mm），用它切割贵重金属，可节约很多切缝消耗。

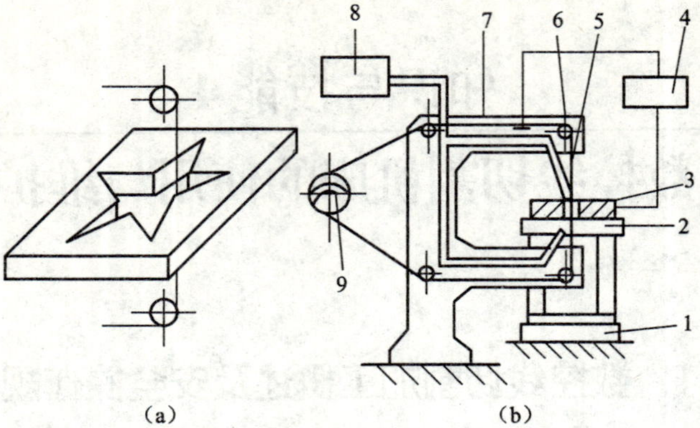

图 1-1 电火花线切割加工示意图

（a）切割图形；（b）机床加工示意图

1—工作台；2—夹具；3—工件；4—脉冲电源；5—电极丝；

6—导轮；7—丝架；8—工作液箱；9—储丝筒

4）新产品试制

在新产品开发过程中需要单件的样品，使用电火花线切割直接切割出零件，无需模具，这样可以大大缩短新产品开发周期并降低试制成本。

3. 数控电火花线切割加工的分类

我国广泛使用的线切割机床主要是数控电火花线切割机床，根据电极丝的运行速度不同，数控电火花线切割机床通常分为两类。

一类是快走丝数控电火花线切割机床（HSWEDM，也叫高速走丝电火花线切割机床），其电极丝做高速往复运动，一般走丝速度为 8～10 m/s，电极丝可重复使用，但快走丝容易造成电极丝抖动和反向时停顿，使加工质量下降。它是我国生产和使用的主要机种，也是我国独创的数控电火花线切割加工模式。

另一类是慢走丝数控电火花线切割机床（LSWEDM，也叫低速走丝电火花线切割机床），其电极丝做低速单向运动，一般走丝速度低于 0.2 m/s，电极丝放电后不再使用，工作平稳、均匀、抖动小、加工质量较好。它是国外生产和使用的主要机种。

由于慢走丝线切割机床是采取线电极连续供丝的方式，即线电极在运动过程中完成加工，因此即使线电极发生损耗，也能连续地予以补充，故能提高零件加工精度。慢走丝线切割机床所加工的工件表面粗糙度通常可达到 R_a=0.8 μm 及以上，且慢走丝线切割机床的圆度误差、直线误差和尺寸误差都较快走丝线切割机好很多，所以在加工高精度零件时，慢走丝线切割机床得到了广泛应用。数控快、慢走丝线切割机床在机床方面的主要区别见表 1-1。数控快、慢走丝线切割机床在加工工艺水平方面的比较见表 1-2。

表1-1　数控快、慢走丝线切割机床的主要区别

比较项目	数控快走丝线切割机床	数控慢走丝线切割机床
走丝速度/（m/s）	常用值8～10	常用值0.001～0.25
电极丝工作状态	往复供丝，反复使用	单向运行，一次性使用
电极丝材料	钼、钨钼合金	黄铜、铜、以铜为主体的合金或镀覆材料、钼丝
电极丝直径/mm	0.03～0.25，常用值0.12～0.20	0.003～0.30，常用值0.20
工作电极丝长度/m	200左右	数千
穿丝方式	只能手工	可手工，可自动
电极丝振动	较大	较小
运丝系统结构	简单	复杂
脉冲电源	开路电压80～100 V，工作电流1～5 A	开路电压300 V左右，工作电流1～32 A
单面放电间隙/mm	0.01～0.03	0.01～0.12
工作液	线切割乳化液或水基工作液等	去离子水，有的场合用煤油
工作液电阻率/（kΩ·cm）	0.5～50	10～100
导丝机构形式	导轮，寿命较短	导向器，寿命较长
机床价格	便宜	昂贵

表1-2　数控快、慢走丝线切割机床的加工工艺水平比较

比较项目	数控快走丝线切割机床	数控慢走丝线切割机床
切割速度/（mm^2/min）	20～160	20～240
加工精度/mm	0.01～0.04	0.004～0.01
表面粗糙度 R_a/μm	1.6～3.2	0.1～1.6
重复定位精度/mm	0.02	0.004
电极丝损耗	均布于参与工作的电极丝全长	不计
最大切割厚度/mm	钢，500；铜，610	400
最小切缝宽度/mm	0.04～0.09	0.004 5～0.014

4. 电火花线切割加工的特点

（1）能用很细的金属丝作为电极工具（直径可在ϕ0.03～0.35 mm）加工微细异形孔、窄缝和复杂形状的工件。

（2）不需要制造特定形状的电极。

（3）轮廓加工所需的加工余量少，能有效地节约贵重的材料。

（4）采用移动的长金属丝进行加工，单位长度上的金属损耗少，对加工精度的影响可忽略不计，加工精度高。当重复使用的电极丝有显著损耗时，可随时更换。

（5）依靠微型计算机控制电极丝轨迹和间隙补偿功能，同时加工凹、凸两种模具时，间隙可任意调节。

（6）采用乳化液或去离子水的工作液，不必担心发生火灾，可以昼夜无人连续加工。

（7）只要是导体或半导体的材料都能实现加工，无论被加工工件的材料硬度如何。

（8）适合小批量零件和试制品的生产加工，无论零件形状多复杂，只要能编制加工程序就可以进行加工，加工周期短，应用灵活。

（9）采用四轴联动，可加工上、下面异形体，形状扭曲曲面体，变锥度和球形体等零件。

1.1.2 电火花线切割加工设备

数控电火花线切割加工机床由床身、坐标工作台、走丝机构、工作液循环系统、数字程序控制系统、脉冲电源等 6 部分组成。图 1-2 为数控电火花线切割设备的外形结构图。

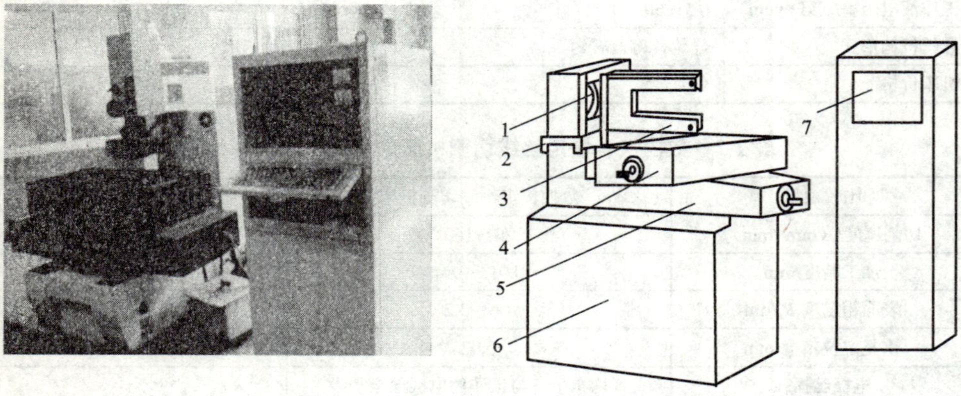

（a） （b）

图 1-2 数控电火花线切割设备

1—储丝筒；2—走丝溜板；3—丝架；4—纵向滑板；5—横向滑板；6—床身；7—控制箱

1. 床身

床身是机床本体的基础，用来支承和安装坐标工作台、走丝机构和工件，应具有足够的刚度和稳定性。一般电火花线切割加工机床的床身采用铸造箱式和焊接箱式结构。

2. 坐标工作台

坐标工作台安装在床身上，用来装夹被加工的工件。线切割加工时通过拖板在 X、Y 方向上的移动来实现工件的进给运动，拖板在互相垂直的两个方向上的移动由两台步进电机分别带动（图 1-3）。步进电机是一种特殊的电动机，它可以随时根据控制信号的指令执行正转或反转。

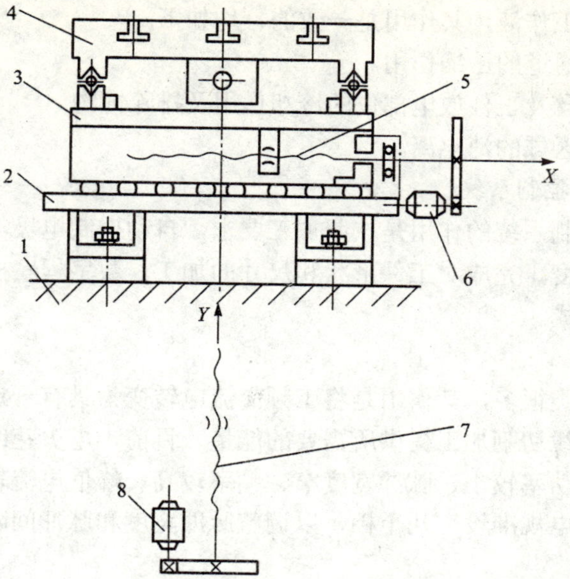

图 1-3　坐标工作台

1—床身；2—下拖板；3—中拖板；4—上拖板；5、7—丝杠；6、8—步进电机

一般电火花线切割机床能够根据控制系统发出的一个脉冲信号，精确地移动 1 μm，称该机床的脉冲当量为 1 μm/脉冲。工作台的移动精度直接影响工件的加工质量，因此对工作台的丝杆、螺母、导轨等都有较高的精度要求。

3. 走丝机构

走丝机构的作用是支承并使电极丝以一定速度连续不断地通过工件放电加工区。

（1）快速走丝机构采用往复走丝，其走丝速度一般为 8～10 m/s，快速走丝能较好地将电蚀物带出加工区，能使工作液较充分地进入加工区，有利于改善加工质量和提高加工速度。但快速走丝容易造成电极丝抖动和反向停顿，反向停顿时放电和进给必须停止，否则会造成电极丝与工件短路，严重时会出现断丝，这种周期性的变化使加工表面质量下降。快走丝机构的电极丝一般采用耐电蚀性较好的钼丝作为线电极。

（2）慢走丝机构采用单向走丝，其走丝速度一般低于 0.2 m/s，电极丝多采用成卷黄铜丝或镀锌黄铜丝，工作时单向运行，电极丝的张力可调节，电极丝工作平稳、均匀、抖动小、加工质量好，但加工速度低。

4. 工作液循环系统

工作液循环过滤系统的作用是强迫一定压力的工作液流经放电间隙，将电蚀物排出，并对使用过的工作液进行过滤和净化，作用与电火花线成形加工相同。快走丝时一般采用 5%～15%浓度的油酸钾皂乳化液，慢走丝时常用的是去离子水。

无论是哪种工作液，其作用是一致的，均如下。

（1）对放电通道的压缩作用。

（2）对电极丝及工件放电部位的冷却作用及排除蚀物。

（3）对放电区域的消电离。

5. 数字程序控制系统

数字程序控制系统的作用是按照加工要求，自动控制电极丝和工件之间的运动轨迹和进给速度，完成对工件形状和尺寸的加工。数字程序控制系统主要由一台专用计算机构成。

6. 脉冲电源

脉冲电源种类很多，其作用是将工频交流电转变为具有一定频率的单向脉冲电流，为电火花线切割加工提供所需要的能量。目前，电火花线切割加工机床的脉冲电源多采用功率较小、脉冲宽度窄、频率较高、峰值电流较大的高频脉冲电源。一般电源的电规准设有几个档，以调整脉冲宽度和脉冲间隙时间，来满足不同的加工要求。

1.1.3 数控电火花线切割加工的安全技术规程

作为数控电火花线切割的安全技术规程，可从两方面考虑：一方面是人身安全，另一方面是设备安全。具体有以下几点：

（1）操作者必须熟悉数控电火花线切割机床的操作技术，开机前应按设备润滑要求，对机床有关部位注油润滑（润滑油必须符合机床说明书的要求）。

（2）操作者必须熟悉数控电火花线切割加工工艺，恰当地选取加工参数，按规定操作顺序操作，防止造成断丝等故障。

（3）用手摇柄操作储丝筒后，应及时将摇柄拔出，防止储丝筒转动时将摇柄甩出伤人。装卸电极丝时，注意防止电极丝扎手。换下来的废丝要放在规定的容器内，防止混入电路和走丝系统中造成电器短路、触电和断丝等事故发生。注意防止因储丝筒惯性造成断丝及传动件碰撞。为此，停机时，要在储丝筒刚换向后再尽快按下停止按钮。

（4）正式加工工件之前，应确认工件位置已安装正确，防止碰撞线架和因超程撞坏丝杆、螺母等传动部件。对于无超程限位的工作台，要防止超程坠落事故发生。

（5）尽量消除工件的残余应力，防止切割过程中工件爆炸伤人。加工之前应安装好防护罩。

（6）机床附近不得放置易燃、易爆物品，防止因工作液一时供应不足产生放电火花引起事故。

（7）在检修机床、机床电器、脉冲电源、控制系统时，应注意适当地切断电源，防止触电和损坏电路元件。

（8）定期检查机床的保护接地是否可靠，注意各部位是否漏电，尽量采用触电开关。合上加工电源后，不可用手或手持导电工具同时接触脉冲电源的两输出端（床身与工件），以防触电。

（9）禁止用湿手按开关或接触电器部分。防止工作液等导电物进入电器部分，一旦因电器短路发生火灾，应首先切断电源，立即用四氯化碳等合适的灭火器灭火，不准用水灭火。

（10）停机时，应先停高频脉冲电源，后停工作液，让电极丝运行一段时间，并等储丝筒反向后再停走丝。工作结束后，关掉总电源，擦净工作台及夹具，并润滑机床。

1.2　数控电火花线切割加工编程

数控电火花线切割机床的控制系统是按照指令区控制机床加工的。因此，所谓数控线切割编程就是事先把要切割的图形，用机器所能接受的“语言”编排好“命令”，然后控制机床进行线切割加工。

电火花线切割编程方法分手工编程和自动编程。手工编程是利用一般的计算工具，通过各种数学方法，人工进行刀具轨迹的运算，并进行指令编制。这种方法比较简单，容易掌握，适应性大。其适用于中等复杂程度程序、计算量不大的零件编程，对机床操作人员来讲必须掌握。但手工编程计算工作比较繁杂，费时间。

自动编程是利用通用的微型计算机及专用的自动编程软件，以人机对话方式确定加工对象和加工条件，自动进行运算和生成指令。对形状简单的零件，手工编程是可以满足要求的，但对于曲线轮廓、三维曲面等复杂型面，一般采用自动编程。中小企业普遍采用这种方法，编写较复杂的零件加工程序效率高，可靠性好。

电火花线切割机床的数控程序必须具备一定的格式，以便于机器接收“命令”进行加工，数控电火花线切割机床一般采用国际上通用的 G 代码格式和 B 代码格式。

1.2.1　数控电火花线切割手工编程基础

电火花线切割手工编程是电火花线切割操作工应掌握的基本技能。其方法可分为 ISO 标准 G 代码编程和 3B、4B 格式编程两种。

1.2.1.1　ISO 标准 G 代码编程

ISO 标准 G 代码编程是一种通用的编程方法，这种编程方法与数控铣床编程方法有点相似，使用标准的 G 指令、M 指令等代码。它适用于大部分高速走丝的线切割机床和低速走丝线切割机床。其控制功能更为强大，使用更为广泛，是数控电火花线切割机床的发展方向。

1. 程序格式

首先来看一段程序示例

O0001

N10 T84 T86 G90 G92 X38.000 Y0.000

N20 G01 X33.000 Y0.000

N30 G01 X5.000 Y0.000

N40 G02 X0.000 Y5.000 I0.000 J5.000

N50 G01 X0.000 Y15.000

N60 G01 X47.500 Y80.000

……

以下说明 ISO 编程中的几个基本概念。

1）字

某个程序中字符的集合称为字，程序段是由各种字组成的。一个字由一个地址（用字母表示）和一组数据组合而成，如 G03 总称为字，G 为地址，03 为数字组合。

2）序号

每一个程序段必须指定一个程序号，并编写在整个程序的开始。程序号的地址为英文字母（通常为 O、P、%等），紧接着为 4 位数字，可编写的范围为 0001～9999。

3）程序段

能够作为一个单位来处理的一组连续的字，称为程序段。一个程序段由多个程序组成，一个程序段就是一个完整的数控信息。程序段由程序段号及各种字组成。例如

N10 T84 T86 G90 G92 X38.000 Y0.000

程序段编号范围为 N0001～N9999，程序段号通常每次递增 1 以上的方式编号，如 N0010、N0020、N0030、…，每次递增 10，其目的是留有插入新程序的余地，即如果在 N0030 与 N0040 之间插入漏掉的某一段程序，可在 N0031～N0039 用任何一个程序段号插入。

4）G 功能

G 功能是设立机床工作方式或控制系统方式的一种命令，其后续数字一般为 2 位数（00～99），如 G01、G02。

5）尺寸坐标字

尺寸坐标字主要用于指定坐标移动的数据，其地址符号为 X、Y、Z、U、V、W、P、Q、A 等。

6）M 功能

M 功能用于控制数控机床中辅助装置的开关动作或状态，其后续数字一般为

2 位数（00～99），如 M00 表示暂停程序运行。

7）T 功能

T 功能用于有关机械控制事项的制定，如 T80 表示送丝、T81 表示停止送丝。

8）D、H

D、H 用于补偿量的指定，如 D0003 或者 H003 表示取 3 号补偿值。

9）L

L 用于指定子程序的循环执行次数，可以在 0～9999 指定一个循环次数，如 L3 表示 3 次循环。

2. 准备功能（G 功能）

1）绝对坐标指令 G90

格式：G90。

采用本指令后，后续程序段的坐标值都应按绝对方式编程，即所有点的表示数值都是在编程坐标系中的点坐标值，直到执行 G91 为止。

2）相对坐标指令 G91

格式：G91。

采用本指令后，后续程序段的坐标值都应按增量方式编程，即所有点的坐标均以前一个坐标值作为起点来计算运动终点的位置矢量，直到执行 G90 指令为止。

3）坐标设定 G54

格式：G54。

G54 是程序坐标系设置指令。一般以零件原点作为程序的坐标原点。程序零点坐标存储在机床的控制参数区。程序中不设置此坐标系，而是通过 G54 指令调用。

4）快速定位指令 G00

格式：G00　X__ Y__。

快速定位指令 G00 是使电极丝按机床最快速度沿直线或折线移动到目标位置，其速度取决于机床性能。

例如，图 1-4 中快速定位到终点的程序段格式为

G00　X60000 Y50000

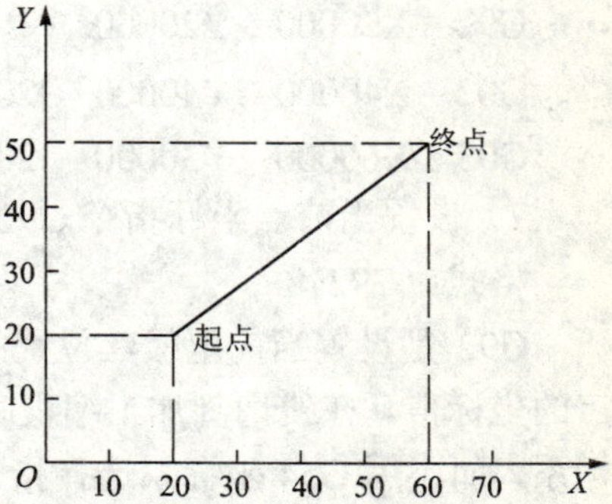

图 1-4　快速定位

5）直线插补指令 G01

格式：G01　X__ Y__。

直线插补指令 G01 是使电极丝从当前位置以进给速度移动到目标位置。

例如，图 1-5 中直线插补的程序段格式为

G92　X20000 Y20000

G01　X40000 Y70000

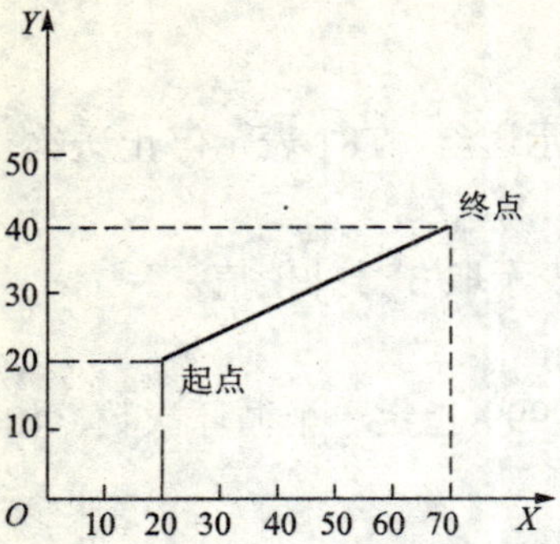

图 1-5 直线插补

目前，可加工锥度的数控电火花线切割机床具有 X、Y 坐标轴及 U、V 附加轴的工作台，其程序段格式为

G01 X__ Y__ U__ V__

6）圆弧插补指令 G02、G03

格式：G02 X__ Y__ I__ J__，G03 X__ Y__ I__ J__。

G02 为顺圆（顺时针圆弧）插补指令，G03 为逆圆（逆时针圆弧）插补指令。

程序段中：X、Y 表示圆弧的终点坐标，I、J 分别表示圆心相对于圆弧起点在 X、Y 方向上的增量尺寸。

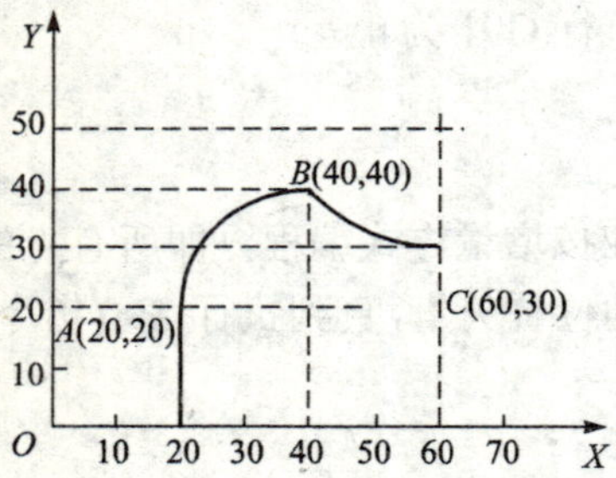

图 1-6 圆弧插补示例

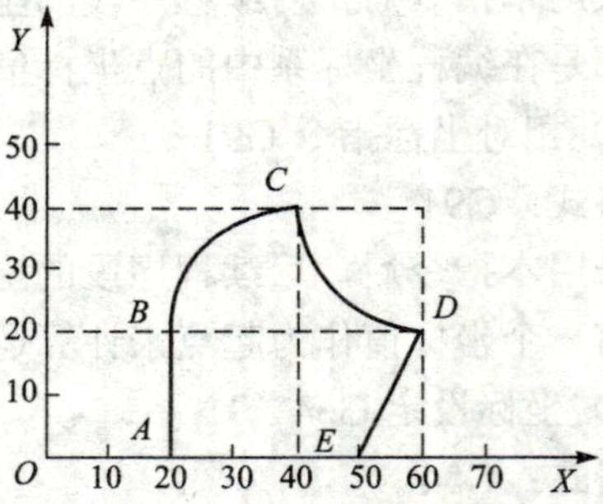

图 1-7 圆弧插补示例

例如，图 1-6 中圆弧插补的程序段格式为

G92 X20000 Y20000;	起切点
G02 X40000 Y40000 I20000 J0;	$\overset{\frown}{AB}$
G03 X60000 Y30000 I20000 J10000;	$\overset{\frown}{BC}$

7）设置当前点坐标指令 G92

格式：G92。

G92 是设置当前电极丝位置的坐标值。G92 后面跟的 X、Y 坐标值即为当前点的坐标值。在线切割加工编程时，一般使用 G92 指定起始点坐标来设定加工坐标系，而不用 G54 坐标系选择指令。G92 指令中的坐标值为加工程序的起点坐标值。

例如，加工如图 1.7 中所示的零件，按图样尺寸编程如下。

① 用 G90 指令编程：

P602;	程序名
N10 G92 X0 Y0;	确定加工起点 O 点
N20 G01 X20000 Y0;	O→A

N30　G01　X20000　Y20000;　　　　　　　　$A \rightarrow B$
N40　G02　X40000　Y40000　I20000　J0;　　$B \rightarrow C$
N50　G03　X60000　Y20000　I20000　J0;　　$C \rightarrow D$
N60　G01　X50000;　　　　　　　　　　　　$D \rightarrow E$
N70　G01　X0　Y0;　　　　　　　　　　　　$E \rightarrow O$
N80　M02;　　　　　　　　　　　　　　　　程序结束

② 用 G91 指令编程：

P603;　　　　　　　　　　　　　　　　　　程序名
N10　G92　X0　Y0
N20　G91;　　　　　　　　　　　　　　　　以下为增量尺寸编程
N30　G01　X20000　Y0
N40　G01　X0　Y20000
N50　G02　X20000　Y20000　I20000　J0
N60　G03　X20000　Y-20000　I20000　J0
N70　G01　X-10000　Y-20000
N80　G01　X-50000　Y0
N90　M02

8）电极丝半径补偿指令　G40、G41、G42

格式：G40——取消电极丝半径补偿；

G41　D——电极丝左补偿；

G42　D——电极丝右补偿。

程序段中的 D 表示间隙补偿量。

左补偿或右补偿的确定：

左补偿——沿加工方向看，电极丝在加工图形左边为左补偿；右补偿——沿加工方向看，电极丝在加工图形右边为右补偿。如图 1-8 所示。

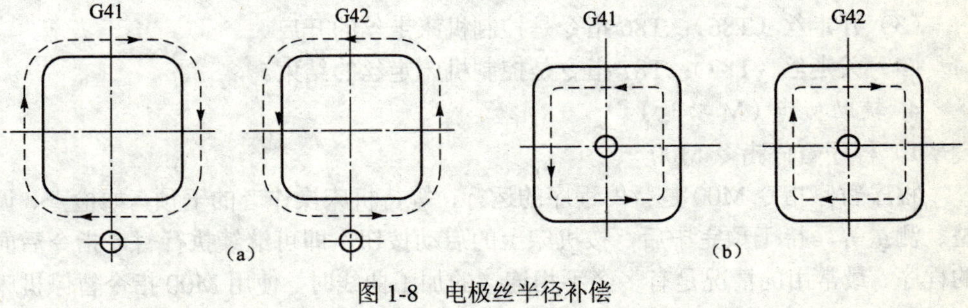

图 1-8　电极丝半径补偿

（a）凸模加工；（b）凹模加工

9）锥度加工指令　G50、G51、G52

在有些数控电火花线切割机床上，可以通过装在上导轮部位的 U、V 附加轴工作台来实现锥度加工。加工时，控制系统驱动 *U*、*V* 附加轴工作台，使上导轮相对于 *X*、*Y* 坐标轴工作台平移，以获得所要求的锥角。用此方法可解决凹模的漏料问题。

G51 为锥度左偏指令，即沿走丝方向看，电极丝向左偏离。顺时针加工，锥度左偏加工的工件为上大下小；逆时针加工，锥度左偏加工的工件为上小下大。锥度左偏指令的程序段格式为

G51 A__

G52 为锥度右偏指令，用此指令顺时针加工，工件为上小下大；逆时针加工，工件为上大下小。锥度右偏指令的程序段格式为

G52 A__

在程序段中，A 表示锥度值；G50 为取消锥度指令。

例如，图 1-9 中的凹模零件加工的程序段格式为：“N__ G51 A0.5” 。加工前还需输入工件及工作台参数指令 *W*、*H*、*S*。

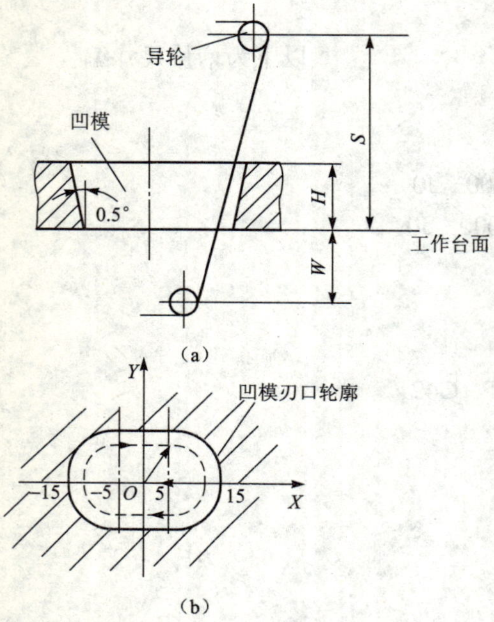

图 1-9 锥度加工

3. 指定有关机构控制（T 功能）

（1）切削液开（T84）：T84 指令是控制打开切削液阀门开关，开始开放切削液。

（2）切削液关（T85）：T85 指令是控制关闭切削液阀门开关，结束后关闭切削液。

（3）开走丝（T86）：T86 指令是控制机床走丝的开启。

（4）关走丝（T87）：T87 指令是控制机床走丝的结束。

4. 辅助功能（M 功能）

1）程序暂停指令 M00

程序暂停指令 M00 是暂停程序的运行，等待机床操作者的干预，如检查、调整、测量等。待干预完毕后，按机床上的启动按钮，即可继续执行暂停指令后面的程序。最常用的情况是有多个不相连接的加工曲线时，使用 M00 指令暂停机床运转，中心穿丝，然后再启动继续加工。

2）程序停止指令 M02

程序停止指令 M02 是结束整个程序的运行，停止所有的 G 功能及与程序有关的一些运行开关，如切削液开关、走丝开关等，机床处于原始禁止状态，电极

丝处于当前位置。如果要使电极丝停在机床零点位置，则必须操作机床使之回零。

5. 编程实例

1）编程步骤

（1）正确选择穿丝孔和电极丝的切入位置。穿丝孔是电极丝切割的起点，穿丝孔到工件轮廓线之间有一条引入线段，引入线段的起点为电极丝的切入位置。编写引入线段的程序段，称为引入程序段；从原引入线路退出的程序段，称为引出程序段。

（2）确定切割路线。正确合理地选择程序走向及起点，可避免或减少因材料内应力变化而引起的变形。应尽量避免在切割过程中工件与易变形部分相连，起割点及加工终点应尽量靠近夹持部位。

（3）计算间隙补偿量。

（4）求交点坐标值。将图形分解为若干条直线段或圆弧，按图样给出的尺寸求解出各线段的交点坐标值。

（5）编制线切割程序。根据各线段的交点坐标，按一定切割路线编制线切割程序。

（6）程序检验。

2）数控电火花线切割程序编程实例

已知：如图 1-10 所示凹模型腔工作图，线电极直径为ϕ0.18 mm，单面火花放电间隙为 0.01 mm。要求编制出凹模线切割加工程序。

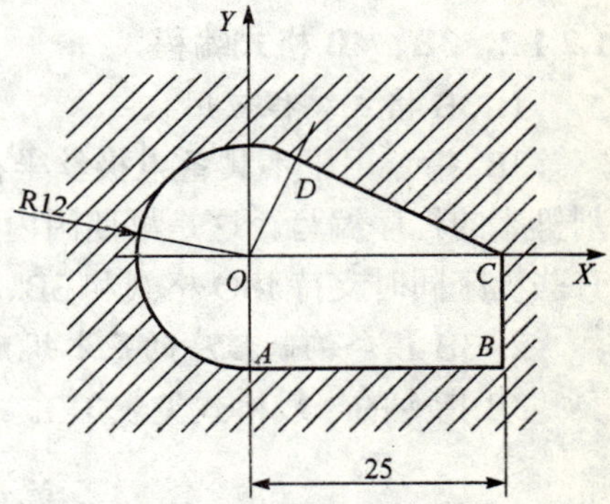

图 1-10　凹模型腔工作图

（1）建立坐标系，确定穿丝孔位置：

以圆心 O 为坐标系原点（穿丝孔位置）。

（2）确定切割路线：

由 $O \rightarrow D \rightarrow A \rightarrow B \rightarrow C \rightarrow D \rightarrow O$ 绕行一周后返回起点；

（3）确定间隙补偿量：

$$\Delta R = \left(\frac{0.18}{2} + 0.01\right) = 0.10 \text{（mm）}$$

（4）计算交点 D 坐标：

$$\cos\alpha = \frac{12}{25} = \frac{X_D}{12}，\quad X_D = 5.76$$

$$Y_D = \sqrt{12^2 - X_D^2} = \sqrt{144 - 5.76^2} = 10.527$$

（计算方法详略）得到 D 点坐标（5.760，10.527）。

其他交点坐标可直接由图形中得到。

（5）采用 ISO 格式手工编写程序（单位为μm）如下：

```
P604;                                       程序名
N10   G92 X0 Y0;                            确定坐标系
N20   G41 D100;                             左刀径补偿（补偿值为钼丝半
                                            径和放电间隙之和，此程序段
                                            须放在进刀线之前）
N30   G01 X5.760   Y10.527;                 直线插补，O→D
N40   G03 X0   Y-12000   I-5760   J-10527;  逆圆插补，D→A
N50   G01 X25000   Y-12000;                 直线插补，A→B
N60   G01 X25000   Y0;                      直线插补，B→C
N70   G01 X5760   Y10527;                   直线插补，C→D
N80   G40;                                  刀径补偿取消，此程序段须放
                                            在退刀线之前
N90   G01 X0   Y0;                          线电极返回原点
N100   M02;                                 程序结束
```

1.2.1.2 3B、4B格式编程

1. 3B 格式编程应用

3B 指令用于不具备电极丝半径补偿功能和锥度补偿功能的数控电火花线切割机床的程序编写。这是早期国内数控电火花线切割机床应用的一种编程方式。有些机床同时支持 ISO 格式和 3B、4B 格式编程。

2. 3B 指令编制程序的基本规则

3B 指令的一般格式见表 1-3。

表 1-3 3B 程序格式

B	*X*	B	*Y*	B	*J*	*G*	*Z*
分隔符号	*X* 坐标值	分隔符号	*Y* 坐标值	分隔符号	计数长度	计数方向	加工指令

1）分隔符号 B

作用：用来分隔 *X*、*Y*、*J* 三个数码，以免混淆。

2）坐标值 *X*、*Y*

（1）分别表示 *X*、*Y* 方向的坐标值，不带正负号，取绝对值（即不能用负数）。其单位为μm，μm 以下应四舍五入。

（2）坐标系采用 *XOY* 平面直角坐标系，加工斜线时，坐标系原点设在斜线的起点；加工圆弧时，坐标系原点取在圆弧的圆心。加工不同的轨迹需平移坐标，但 *X*、*Y* 坐标轴的方向不变。

（3）加工斜线时，*X*、*Y* 为斜线终点的坐标值，也就是加工斜线的终点相对于起点的相对坐标的绝对值；加工圆弧时，*X*、*Y* 为圆弧起点的坐标值，即圆弧起点

相对于圆心的坐标值的绝对值。

（4）对于平行于 X 轴或 Y 轴的直线，即当 X 或 Y 的数值为零时，可以省略，X 或 Y 值均可不写，但分隔符号“B”必须保留。即“B0”可以省略成“B”。

3）计数方向 G

计数方向 G 分为按 X 方向计数（GX）和按 Y 方向计数（GY）两种。

（1）加工斜线可按图 1-11 选取：当被加工的斜线在阴影区域内时，计数方向取 GY，否则取 GX（即加工斜线时，计数方向 G 是线段终点坐标值中较大值的方向）。

（2）对于圆弧，当圆弧的加工终点落在图 1-12 所示的阴影部分时，计数方向取 GX，否则取 GY（即加工圆弧时，计数方向 G 由圆弧的终点坐标值中绝对值较小的值来确定）。

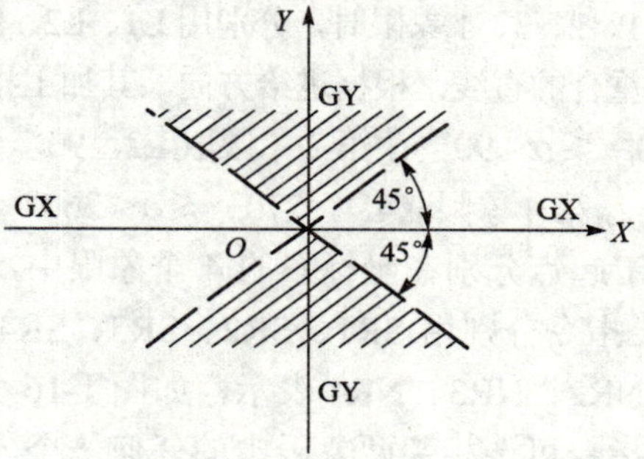

图 1-11　斜线的计数方向

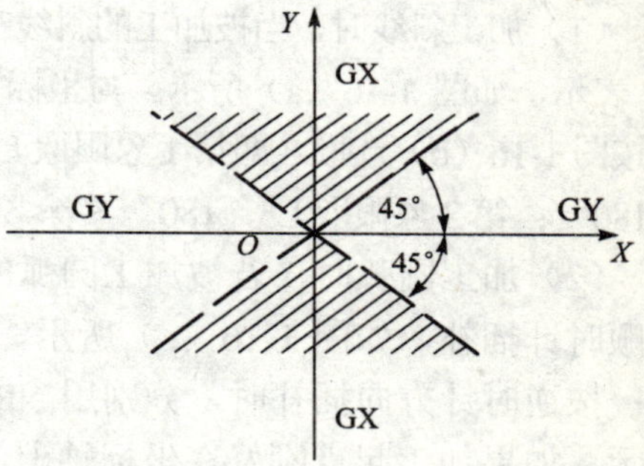

图 1-12　圆弧的计数方向

4）计数长度 J

（1）以μm 为单位，取绝对值；

（2）当加工直线时，计数长度 J 由线段的终点坐标值中较大的值来确定；

（3）当加工圆弧时，计数长度 J 应取从起点到终点的某一坐标移动的总距离，当计数方向确定后，J 就是被加工曲线在该方向（计数方向）投影长度的总和，对圆弧来讲，它可能跨越几个象限。

（4）举例说明计数长度的计算：

如加工如图 1-13 所示斜线 OA，其终点为 A（X_e，Y_e），且 $Y_e > X_e$。因为 $|Y_e| > |X_e|$，OA 斜线与 X 轴夹角大于 45° 时，计数方向取 GY，斜线 OA 在 Y 轴上的投影长度为 Y_e，故 $J = Y_e$。

例如，加工如图 1-14 所示圆弧，加工起点 A 在第四象限，终点 B（X_e，Y_e）在第一象限。因为加工终点靠近 Y 轴，$|Y_e| > |X_e|$，计数方向取 GX；计数长度为各象限中的圆弧段在 X 轴上投影长度的总和，即 $J = J_{X_1} + J_{X_2}$。

例如，加工如图 1-15 所示圆弧，加工终点 B（X_e，Y_e）。因为加工终点 B 靠近 X 轴，$|X_e| > |Y_e|$，故计数方向取 GY，J 为各象限的圆弧段在 Y 轴上投影长度的总和，即 $J = J_{Y_1} + J_{Y_2} + J_{Y_3}$。

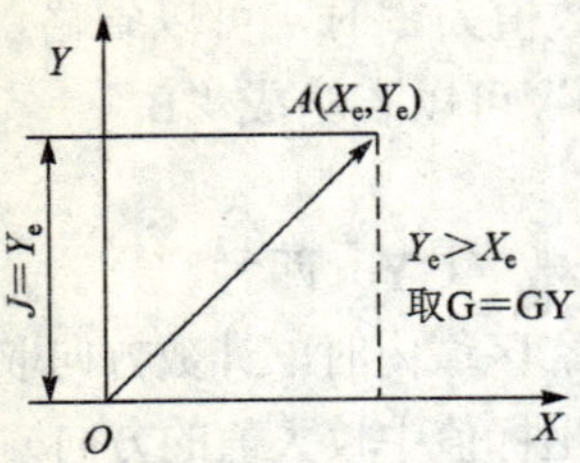

图 1-13 斜线的 G 和 J

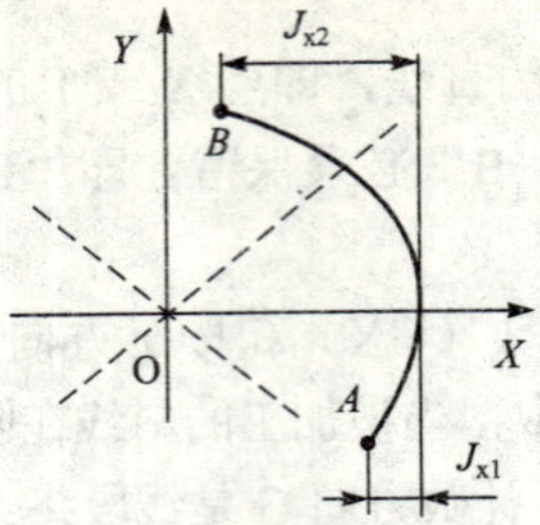

图 1-14 圆弧的 G 和 J

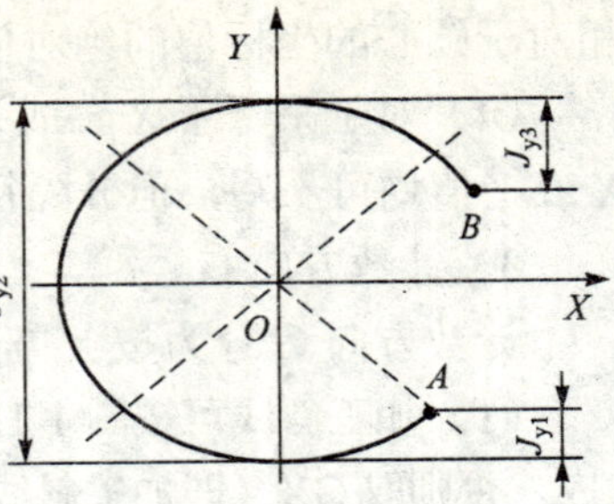

图 1-15 圆弧的 G 和 J

5）加工指令 Z

加工指令 Z 共有 12 种，其中斜线（直线）4 种、圆弧 8 种。

（1）加工斜线时，当被加工的斜线在第 1、2、3、4 象限时，分别用 L1、L2、L3、L4 表示，如图 1-16（a）所示。与坐标轴相重合的直线，根据进给方向，其加工指令可按图 1-16（b）选取（即第 1 象限取 L1，$0° \leqslant \alpha < 90°$；第 2 象限取 L2，$90° \leqslant \alpha < 180°$；第 3 象限取 L3，$180° \leqslant \alpha < 270°$；第 4 象限取 L4，$270° \leqslant \alpha < 360°$）。

（2）加工圆弧时，若被加工圆弧的加工起点分别在坐标系的 4 个象限中，并按顺时针插补，如图 1-16（c）所示，加工指令分别用 SR1、SR2、SR3、SR4 表示；按逆时针方向插补时，分别用 NR1、NR2、NR3、NR4 表示，如图 1-16（d）所示。如果加工起点刚好在坐标轴上，其指令可选相邻两象限中的任何一个。圆弧跨越几个象限，此时加工指令应由起点所在的象限和圆弧走向来决定。

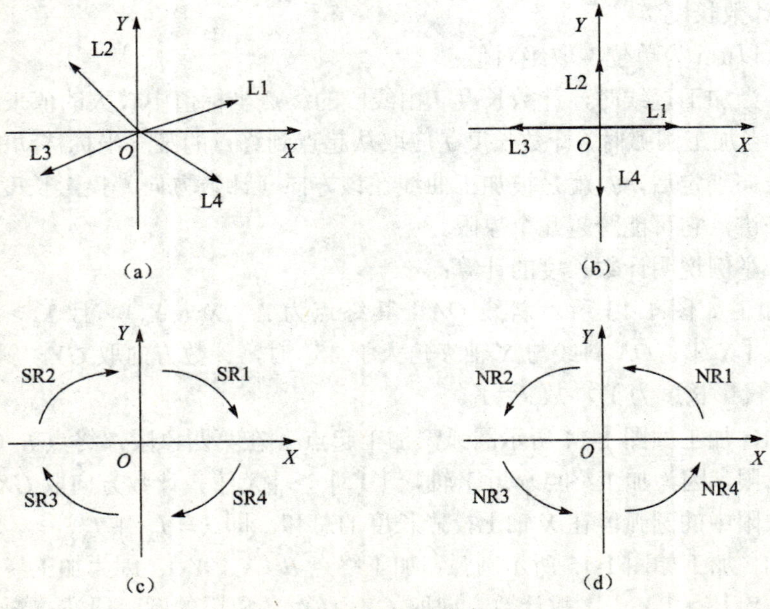

图 1-16 加工指令

（a）直线加工指令；（b）坐标轴上直线加工指令；（c）顺时针圆弧指令；（d）逆时针圆弧指令

3. 编程实例

例 1-1　如图 1-17 所示，编写直线 $A \to B$ 的程序。

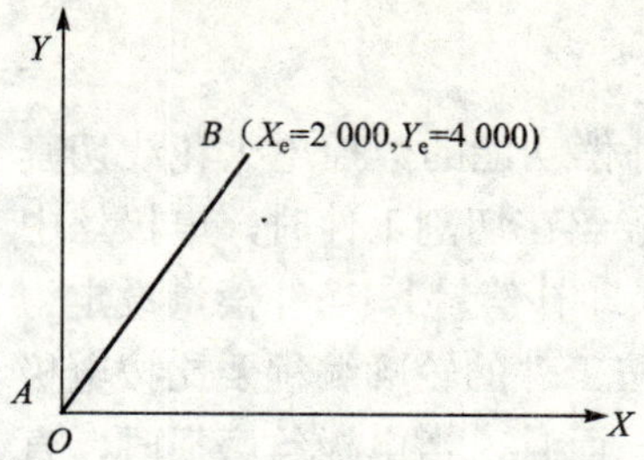

图 1-17　直线编程示例

解　坐标原点设在线段的起点 A，线段的终点 B 坐标为（$X_e = 2\,000$，$Y_e = 4\,000$）。

因为 $X_e < Y_e$，

所以　$G = G_Y$，$J = J_Y = 4\,000$。

由于直线位于第一象限，所以取加工指令 Z 为 L1。

直线 A→B 的程序为：B2000 B4000 B4000 G_Y L1。

例 1-2　在数控电火花线切割机床上加工如图 1-18 所示的零件，在不考虑补偿的情况下，试编写其程序。

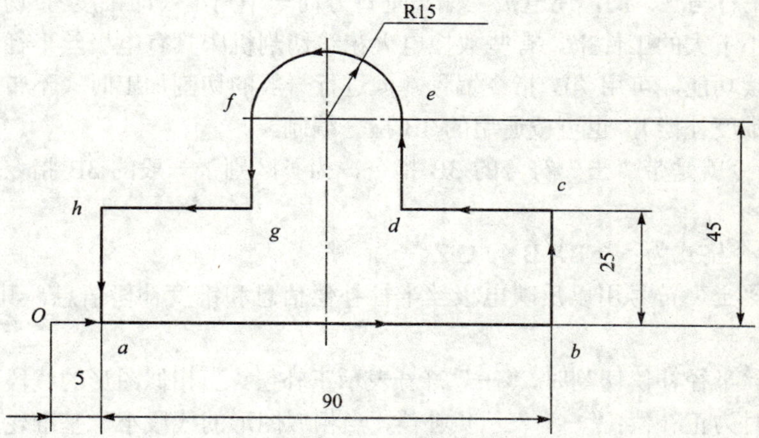

图 1-18　综合编程示例

解　选择 O 点为引入点（穿丝孔位置），点 a 为程序起点。

确定其切割顺序为：$a \to b \to c \to d \to e \to f \to g \to h$。

程序如下：

001	B5000	B	B5000	GX	L1
002	B90000	B	B90000	GX	L1
003	B	B25000	B25000	GY	L2
004	B30000	B	B30000	GX	L3
005	B	B20000	B20000	GY	L2
006	B15000	B	B30000	GY	NR1
007	B	B20000	B20000	GY	L4
008	B30000	B	B30000	GX	L3

009	B	B25000	B25000	GY	L4
010	B5000	B	B5000	GX	L3
011	D				

4. 带有电极丝半径补偿的 4B 编程

4B 指令用于具有电极丝半径补偿功能和锥度补偿功能的数控电火花线切割机床的程序编制。所谓电极丝半径补偿，指的是电极丝在切割工件时，电极丝中心运动轨迹能根据要求自动偏离编程轨迹一段距离（即补偿量）。当补偿量设定为偏移量 f 时，编程轨迹即为工件的轮廓线。显然，按工件的轮廓编程要比按电极丝中心运动编程要方便得多，轨迹计算也比较简单。而且，当电极丝磨损时，直径变小；当单边放电间隙 Z 随切割条件的变化而变化后，也无须改变程序，只需改变补偿量即可。锥度补偿指的是，系统能根据要求，同时控制 *X*、*Y*、*U*、*V* 四轴的运动（*X*、*Y* 为机床工作台的运动，即工件的运动；*U*、*V* 为上线架导轮的运动，分别平行与 *X*、*Y*），使电极丝偏离垂直方向一个角度（即锥度），切割出上大下小或上小下大的工件来。有些数控电火花线切割机床具有电极丝半径补偿功能和锥度补偿功能，可用 4B 指令编程。但进行一般的切割加工时（不带电极丝半径补偿或锥度补偿），也可按通用的 3B 指令编制。

4B 指令就是带“±”符号的 3B 指令，为了区别于一般的 3B 指令，故称之为 4B 指令。

4B 指令格式为：±BX BY J G Z。

其中“±”符号用以反映电极丝半径补偿信息和锥度补偿信息，其他与 3B 指令完全一致。

电极丝半径补偿切割时，“＋”符号表示正补偿，当相似图形的线段大于基准轮廓尺寸时为正补偿；“－”表示负补偿，当相似图形的线段小于基准轮廓尺寸时为负补偿。具体而言，对于直线，在 B 之前加“±”符号的目的仅是为了使用指令的格式能够一致，无需严格地规定；对于圆弧，规定以凸模为准，正偏时（圆半径增大）加“＋”号，负偏时（圆半径减少）加“－”号。在进行电极丝半径补偿切割时，线和线之间必须是光滑地连接；若不是光滑地连接，则必须加过滤圆弧使之光滑。

1.2.2 线切割自动编程方法

APT 自动编程介绍（以汉川机床厂生产的 DK7732A 数控电火花线切割机床所带自动编程软件进行讲解）。

1. 自动编程概述

自动编程的整个过程是由计算机自动完成的，程序编制人员只需根据零件图样的要求画出图形，自动编程系统自动生成加工源程序。绘制较复杂的零件其加工程序效率高，可靠性好。

2. 自动编程的方法示例

例 1-3　如图 1-19 所示为一正方形，边长为 20×20，要求切成型芯。

注意，编程前先根据图形建立一个坐标系，并确定好进刀线方向及穿丝孔的位置，本例如图 1-19 所示建立坐标系和穿丝孔。

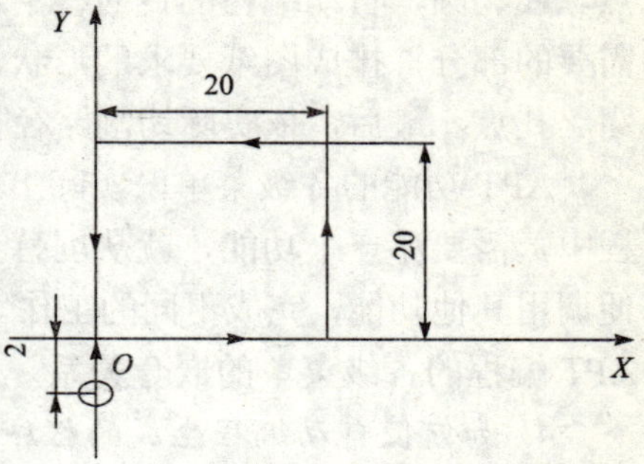

图 1-19　自动编程

操作步骤如下：

机床启动后，位于“文件”方式下，在此方式下利用↓键移动光标，对准“自动编程”功能按回车键，进入 APT 自动编程画面。

（1）转换后，移动鼠标箭头到“设置”菜单下的“设坐标系”功能中按回车键，接着移动箭头到屏幕中间按回车键，此点即为绘图的坐标原点。选择画图中“直线”功能，移动鼠标器箭头，指向屏幕右边“直线”菜单下的“两点线”功能，按回车键。

（2）用鼠标箭头选取“工具”菜单下的“找坐标原点”，按回车键把这一点认定为 O 点，正方形的第一点即 O 点就被确定下来。

（3）用鼠标找准“设置”中“相对坐标”，把坐标系转换成相对坐标，然后依次输入（20，0）、（0，20）、（−20，0）、（0，−20）、（0，−2）各点，确定正方形的四条边和进刀线。

（4）图形显示太小，可移动箭头到“显示”功能下的“图形放大”后按回车键移动箭头在图形的左下角、右上角各点一点，用窗口把放大部分框住即可。

（5）用鼠标找“编辑”中“穿孔点”功能，按回车键；再用鼠标找“工具”中“找端点”，按回车键；用箭头指着进刀线靠近穿孔点的一端，按回车键。

（6）移动箭头，对准“编辑”中“排序”功能，按回车键。再用箭头对准穿丝孔位置按回车键。点穿丝孔后，所选的第一目标不包括进刀线，应当是与进刀线相接的直线或圆弧，具体由切割方向及路径决定。本例用箭头对准与 X 轴重合的这段直线按回车键，当图形变色后，对准“解除”功能按回车键，排序完成，按任意键退出。

（7）移动光标，指向“文件”中“存文件”功能，按回车键；用光标指向“*.ISO”功能，按回车键；输入文件名后，光标指向“确认”，然后“退出”。输入文件名时，文件名由 26 个拉丁字母和数字组成，不多于 8 个字符（注意，输入文件名前先用←键消除输入区已有的文件名）。

（8）移动光标，指向“文件”中“切割”功能，按回车键，此时屏幕退出自动编程，回到操作屏幕，至此，整个程序由自动编程完成。在操作屏幕上调出此程序，根据需要加上偏移和退刀线即可。

3. 自动编程方法总结

对于给定的需要加工零件，总可以把它分解成不同的几何要素，最主要的是点、线、圆，自动编程的目的在于首先把这些几何要素全部定义出来，然后取其需要的部分，排成图纸要求的形状，根据凸凹模关系，给出偏移方向、进刀线和穿丝孔点。最后，依实际切割路径把给出的图形按顺序排列起来。

APT 功能的各级菜单，实际上就是向我们提供完成上述工作的工具，作图过程中，需要哪一个功能，就从屏幕上调出哪一个功能，使用完毕后加以解除，以便调用其他功能，完成不同的工作。只要掌握了 APT 各级菜单调用方法，了解了 APT 编程的各级菜单的嵌套关系，就可以作出一个所需要的零件图形。

4. 如何使自动编程生成的程序构成一个完整的加工程序

自动编程生成的程序，是按理论尺寸生成的，若直接按程序加工，加工出的零件轮廓尺寸将增大或减小一个钼丝半径和放电间隙的尺寸。为了得到一个与编程尺寸相符的零件，就要在自动编程生成的程序中加偏移指令，偏移量的大小等于钼丝半径和放电间隙之和，偏移方向由加工方向决定。

加偏移步骤如下：

（1）在“装入”选项下，装入刚生成的程序。

（2）在“编辑”选项下，编辑内存中的文件。偏移指令加在进刀线之前，在退刀线之前加解除偏移指令。

（3）编辑后的文件重新保存。

至此，存在硬盘或软盘中的程序可直接用来加工。

对于有锥度加工要求的程序，在加偏移的同时，还要加锥度指令，在进刀线之前先加上 W、H、S 三个高度参数值，接着加偏移指令和锥度指令，在退刀线之前加解除偏移和锥度指令。经修改的程序已是一个完整的程序，重新保存即可。

1.3 数控电火花线切割机床的日常维护与保养

为了保证数控电火花线切割机床的正常使用和加工精度，操作者必须按要求对机床进行精心的保养。

1. 机床的润滑

对机床的相对运动部位进行润滑，可保证运动的平稳性，有利于提高加工精度，减少部件的磨损，延长机床使用寿命。为此要严格地按要求进行润滑。具体要求见表 1-4。

2. 机床的清理

（1）注意及时将导轮、导电块和工作台内电蚀物去除，尤其是导轮和导电块应保持清洁，否则会引起振动，如果电蚀物沉积过多，还会造成电极丝与机床短接，不能正常切割。

表1-4　数控电火花线切割机床各部位的润滑要求

序号	润滑部位	油品牌号	润滑方式	润滑周期
1	工作台纵、横向导轨	高级润滑脂	黄油枪注入	每周一次
2	滑枕上下移动导轨	工业用黄油	黄油枪注入	每月一次
3	储丝筒导轨副丝杆螺母	40号机械油	油杯润滑	每班一次
4	斜度切割装置丝杆螺母	高级润滑脂	黄油枪注入	每月一次

（2）每次更换工作液时，应清洗工作液箱内腔。

3. 机床的维护

（1）主要部位为运丝系统的导轮及导电块。

（2）每次工作结束后，应立即将机床擦拭干净，并在工作台表面涂一层机油。机床工作温度最好控制在15～25 ℃。

（3）每周应对机床进行一次全面维护、保养。主要是清洁和保养机床各部分，尤其是运丝系统各导轮和导电块，可用家用洗洁剂兑水作为清洁剂进行清洗。

重点部位：运丝系统各导轮的轮槽，导电块各面，上、下工作液喷嘴和工作台面。

（4）注意经常检查易损件。

学生工作任务及思考

1. 学生工作任务

编制图1-20所示的模具工作零件的线切割程序。

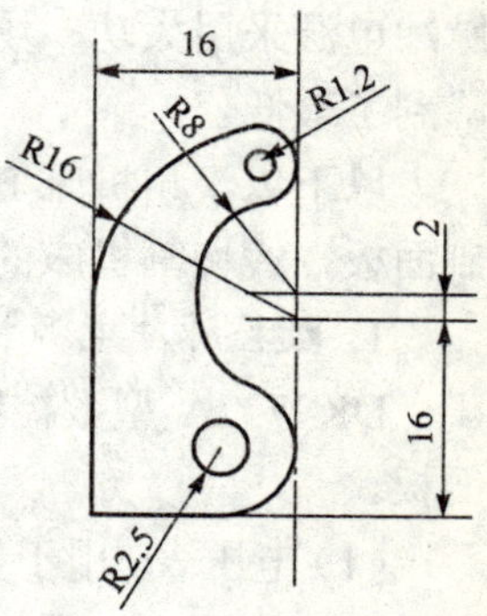

图1-20

2. 思考

（1）数控电火花线切割机床可以加工塑料、木头等非导电材料吗？

（2）数控电火花线切割机床在加工过程中可以用手触摸工作台（或工件）吗，有触电危险吗？

（3）用纯自来水作为工作液行吗？

（4）钼丝可以切割很硬的金属材料，是不是钼丝拉不断呢？

（5）电火花线切割加工的主要特点是什么？

（6）简述数控电火花线切割机床的加工原理。

（7）3B代码的一般格式中各项的含义是什么？

知识与技能 2

数控线切割机床基本操作实训

2.1 HCKX320 数控线切割机床操作实训

以汉川机床 HCKX 系列中的 DK7732A 型为例说明。

2.1.1 HCKX320 数控线切割机床控制面板

数控脉冲电源柜是完成操作、控制和加工的主要部分，其配有电源控制系统和脉冲放电加工系统。电源控制系统是机床的中枢神经系统，控制系统采用 486 以上的计算机，包括中央处理器（CPU）、存储器、VGA 卡及多功能卡、输入输出接口设备等。其中 CPU 具有计算处理的功能，通过接口输入、输出各种数据，控制各种外部设备；存储器储存了整个系统所必需的系统程序以及在执行期间要用的数据；接口板置于计算机的标准槽中，采用了隔离吸收等抗干扰措施，以增强整个系统的抗干扰能力，通过接口装置可以直接控制机床主机和电源系统。脉冲放电加工系统采用另一微型计算机控制脉冲放电加工、进给、回退等。自适应脉冲电源采用大功率场效应管，它与控制系统的连接采用光电隔离，使外部干扰降到了最低。

以下以汉川机床 HCKX 系列中的 DK7732A 型为例说明数控线切割机床的控制面板，线切割机床的控制面板包括手控盒操作面板和储丝筒操作面板。

1. 数控脉冲电源柜面板

DK7732A 型数控线切割机床的电源控制柜如图 1-21 所示。下面介绍其控制面板。

（1）电压表。用于显示高频脉冲电源的加工电压，空载电压一般为 80 V 左右。

（2）电流表。用于显示高频脉冲电源的加工电流（加工电流应小于 5 A）。

（3）手动变频调整旋钮。加工中可手动旋转此旋钮，调整脉冲频率以选择适当的切割。

（4）启动按钮。按下后灯亮，接通电柜电源。

（5）急停按钮。加工中出现紧急故障时应立即按此按钮关机。

（6）键盘。用于输入程序或指令，操作与普通计算机相同。

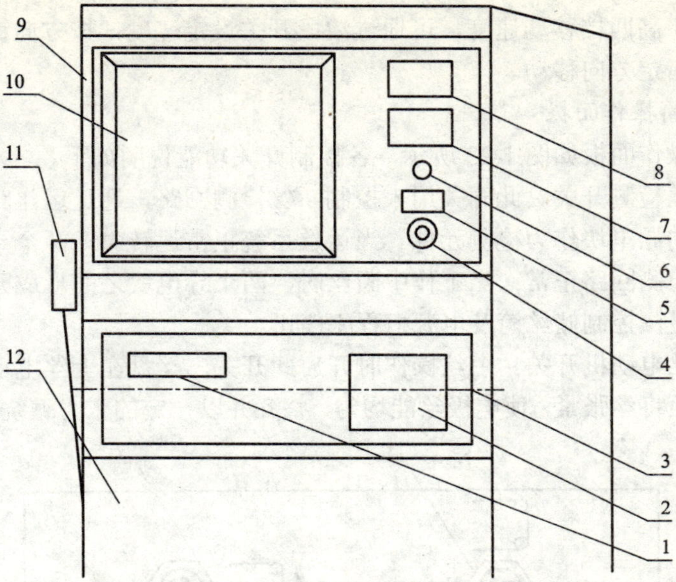

图 1-21　DK7732A 型数控线切割机床电源控制柜

1—软盘插口；2—鼠标；3—101 标准键盘；4—急停按钮；5—启动按钮；6—手动变频调整旋钮；7—电流表；8—电压表；9—面板；10—显示器；11—手控盒；12—柜壳。

（7）鼠标。在操作 APT 自动编程中使用，操作与普通计算机相同。

（8）显示器。显示加工菜单及加工中的各种信息。

（9）软盘插口。软盘从此插入，注意指示灯亮时不得退出磁盘以免损坏数据。

2. 手控盒操作面板

手控盒主要用于手动移动机床，其面板如图 1-22 所示。

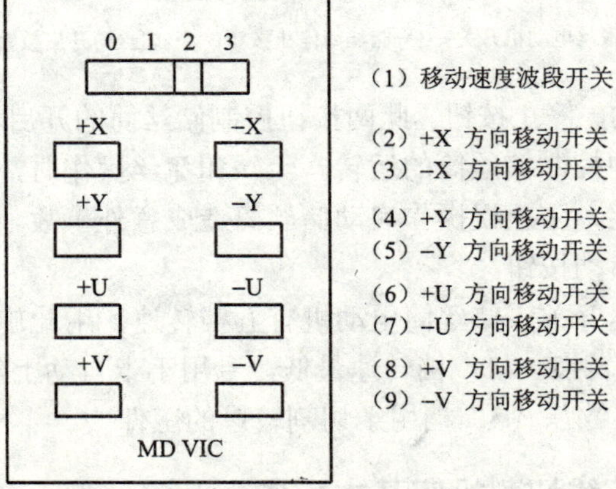

图 1-22　手控盒操作面板

手动方式时按下 F1 即进入手控盒操作方式。波段开关 0、1、2、3 分别为点动、低、中、高四档移动速度，可通过波段开关设定速度，按方向键，则机床以规定速度向指定方向移动。

3. 储丝筒操作面板

储丝筒操作面板如图 1-23 所示，各控制开关功能说明如下。

（1）断丝检测开关。此开关用来控制断丝检测回路，通过运丝路径上两个与电极丝接触的导电块作为检测元件。当运丝系统正常运转时，两个导电块通过电极丝短路，检测回路正常；当工作中断丝时，两个导电块之间形成开路，检测回路即发出信号，控制储丝筒及电源柜程序停止。

（2）张丝电动机开关。上丝操作时开启此开关。丝盘在上丝电动机带动下产生恒定反扭矩将丝张紧，使电极丝能均匀、整齐并以一定的张力缠绕在储丝筒上。

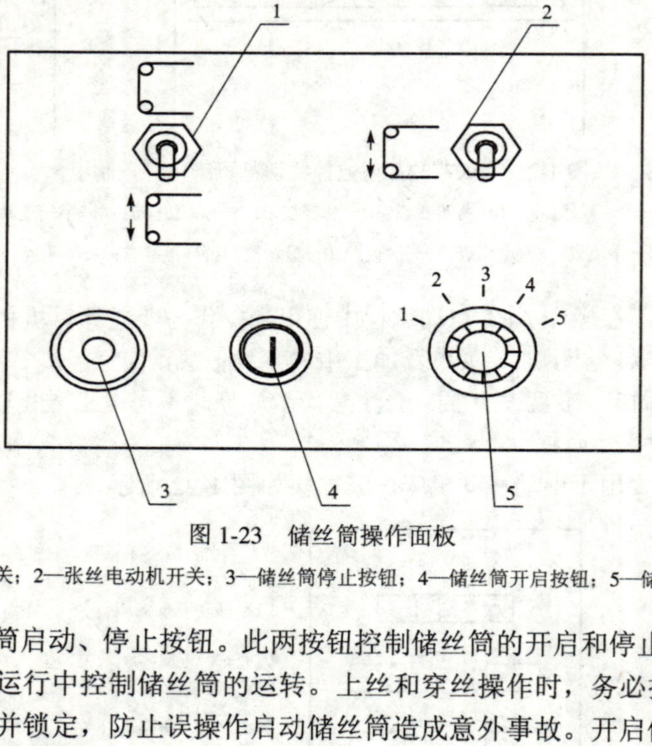

图 1-23 储丝筒操作面板

1—断丝检测开关；2—张丝电动机开关；3—储丝筒停止按钮；4—储丝筒开启按钮；5—储丝筒调速按钮

（3）储丝筒启动、停止按钮。此两按钮控制储丝筒的开启和停止。用于上丝、穿丝等非程序运行中控制储丝筒的运转。上丝和穿丝操作时，务必按下“红色蘑菇头”停止钮并锁定，防止误操作启动储丝筒造成意外事故。开启储丝筒前应先弹起停止钮，再按启动按钮。

（4）储丝筒调速开关。储丝筒电动机有五档转速，用此旋钮调档可使电极丝速度在 2.5～9.2 m/s 转换。“1”档转速最低，专用于半自动上丝；“2”、“3”档用于切割较薄的工件；“4”、“5”档用于切割较厚的工件。

2.1.2 数控电火花线切割机床基本操作

现以陕西汉川机床厂生产的 DK7732A 型快走丝数控电火花线切割机床为例进行讲解。

该机床加工时的操作和控制大部分是通过电源控制柜进行的，这里主要对基本操作进行说明。

1. 机床开、关机操作

1）开机

其方法为：

（1）接通总电源（打开总电源空气开关）。

（2）打开电源柜左侧开启开关。

（3）拔出“红色蘑菇头”按钮。

（4）按下绿色启动按钮，总电源启动，电柜内各个开关接通。

（5）稍等片刻，显示器上出现计算机自检信息，之后进入主菜单。

（6）启动系统后，要成功地将各轴移到负极限以便建立机床坐标。

注意：当出现死机或加工错误无法返回主菜单时，可以同时按 Ctrl+Alt+Del 三键，重新启动计算机。

2）关机

按下“红色蘑菇头”按钮关掉电源，再关闭电源柜左侧空气开关，最后关掉总电源空气开关。

注意：关掉电源柜电源后，至少等 30 s 才能再打开它。

2. 建立机床坐标

系统启动后，首先应建立机床坐标，操作方法是：

（1）在主菜单下移动光条选择“手动”中的“撞极限”选项。

（2）按 F2 功能键，移动机床到 X 轴负极限，机床自动建立 X 坐标。

（3）再用建立 X 坐标的方法建立另外几轴的坐标。

（4）选择“手动”中“设零点”选项将各个坐标设零，机床坐标就建立起来了。

3. 工作台移动

该机床移动工作台的方法有两种：手控盒移动和输入坐标移动。

1）手控盒移动

（1）在主菜单下移动光条选择“手动”中的“手控盒”选项。

（2）通过手控盒上的移动速度选择开关选择移动速度（有点动、低速、中速、快速四档）。

（3）按下要移动的轴所对应的键就可以实现工作台移动。

2）键盘输入移动

（1）在主菜单下移动光条选择“手动”中的“移动”选项。

（2）从“移动”菜单中选择“快速定位”子菜单。

（3）通过按键盘上的数字键输入数据。

（4）按 Enter（回车）键，工作台开始移动。

4. 程序的编制与校验

（1）在主菜单下移动光条选择“文件”中的“编辑”选项。

（2）按 F3 功能键编辑新文件，并输入文件名。

（3）用键盘输入源程序，选择“保存”选项将程序保存。

（4）在主菜单下移动光条选择“文件”中的“装入”选项调入新文件。

（5）选择“校验画图”子菜单，系统将自动进行校验并显示出图形。

（5）显示图形若正确，选择“运行”菜单下的“模拟运行”子菜单，机床将进行模拟加工，不放电空运行一次（工作台上不装工件）。

5. Z 轴行程调整

在切割工件前要根据所切割工件的厚度，对线架的高度进行调整，调整时先将 Z 轴锁紧手柄松开，然后根据工件厚度摇动升降手轮后再锁紧手柄即可。调整时要注意虽然该机床有张丝机构，但调整距离大的话，要先把电极丝收在储丝筒上，以免拉断电极丝。

6. 电极丝运动起点位置的确定

线切割加工之前，须将电极丝定位在一个相对工件基准的确切点上，作为切割的起始坐标点。其确定方法主要有目测法、火花法、接触感知法、电阻法。

1）目测法

目测法是利用钳工或钻削加工工件穿丝孔所划的十字中心线，目测电极丝与十字基准线的相对位置。该方法适用于加工精度要求较低的工件。

2）火花法

火花法是利用电极丝与工件在一定间隙下发生放电火花来调整电极丝位置的方法。

3）接触感知法

目前装有计算机数控系统的线切割机床都具有接触感知功能，用于电极丝定位最为方便。

4）电阻法

电阻法是利用电极丝与工件基准面由绝缘到短路，两者间电阻瞬间突然变化来调整电极丝与工件基准面相对坐标位置的方法。该方法操作方便、测量准确、灵敏度高。常用以下两种方法：电表法、讯响法。

7. 机床调整

为了保证切割加工能顺利进行并确保加工质量，对机床应作好以下几部分的调整。

1）导电块的调整

由于电极丝经常摩擦导电块会产生凹痕，凹痕过深时会影响电极丝的正常运行。应定期把导电块转动一个角度。更换大直径的钼丝时应先把导电块转动一个角度，否则会卡丝，引起断丝。

2）更换导轮和轴承

更换导轮和轴承时应使用专用拆卸工具，以免损坏零件。

3）储丝机构的调整

储丝筒拖板的往复运动，是利用储丝筒电动机的正反转来实现的。钼丝在储丝筒上的长度和使用范围可以通过储丝筒行程调整挡块来控制。

储丝筒各控制开关功能及操作说明如下。

（1）断丝检测开关。

控制断丝检测回路，通过运丝路径上两个与电极丝接触的导电块作为检测元件，当运丝系统正常运转时，两个导电块通过电极丝短接，检测回路正常。当工作中断丝时，两个导电块之间开路，检测回路即发出信号，控制储丝筒及电源柜程序停止。在储丝筒上丝和穿丝操作时，因检测回路处于开路，不能开机进行半自动上丝，必须将此开关断开（扳下），才能开启储丝筒进行操作；上丝结束后，应检查两个导电块与电极丝良好接触，再打开此开关（扳上），机床才能正常工作。

（2）上丝电机开关。

为了能使电极丝能均匀、整齐并以一定张力缠绕在丝筒上，机床设计有一个上丝电机，丝盘套在电机轴上，丝的一端通过上丝介轮和导轮固定在储丝筒上，开启此开关，丝盘在电机带动下即有恒定反扭矩，使丝张紧。上丝时，开此开关，丝盘在电机带动下即有恒定反扭矩，使丝张紧，上丝完后关断此开关。

（3）储丝筒启停开关。

控制丝筒的开和停，用于在上丝、穿丝等非程序运行中控制丝筒。

（4）储丝筒调速旋钮。

设有五档，使丝速能在 2.5～9.2 m/s 分五挡转换。1 挡转速最低，专用于半自动上丝；2 和 3 挡用于切割较薄工件；4 和 5 挡用于切割较厚工件。

注意：在切割进行中禁止进行换挡，以免烧坏电器元件。

4）工作液循环系统的调整

工作液一般采用 5%～10%的乳化液。工作液由油泵经过管路系统输送至切割区，并经过过滤后循环使用，工作液明显变黑时应予以更换。

喷水阀上、下喷嘴工作液流量的调整：先通过电柜打开工作液箱电泵，待工作液从喷嘴流出后，左右旋转喷水阀上两个控制流量的手柄。

注意：工作时水流不要太大，以防止飞溅。以水流把丝包在中间，且工作液没有溅在工作台有机玻璃护罩外为最佳状态。

2.2　DK7732 型数控线切割机床操作实训

以新火花机床厂生产的 DK7732 型数控线切割机床为例说明。

2.2.1 DK7732 型数控线切割机床控制面板

DK7732 型数控线切割机床操作面板布置图如图 1-24 所示。下面对其进行介绍。

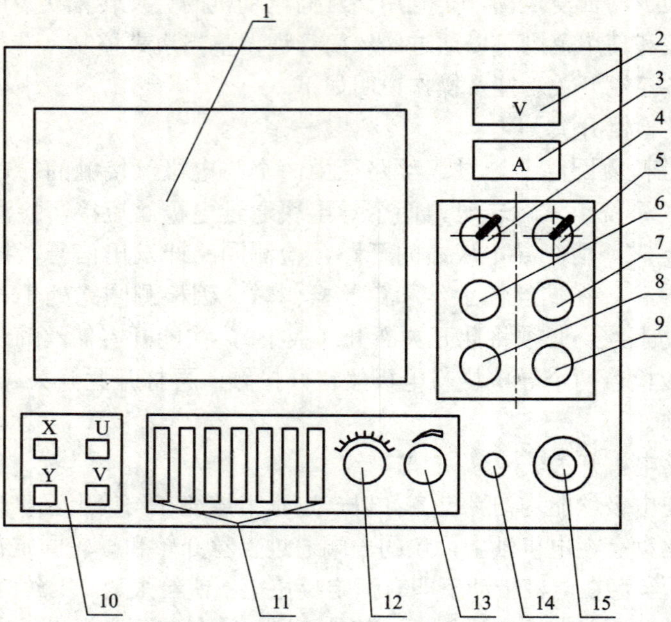

图 1-24 CNC-W2A 线切割机床操作面板布置图

1—显示器；2—电压表；3—电流表；4—低/高压开关；5—对中/高频开关；6—水泵开；7—丝筒开；8—水泵停；9—丝筒停；10—步进指示灯；11—脉冲电源选择开关；12—脉冲宽度波段开关；13—脉冲间隙电位器 14—蜂鸣器；15—应急急停按钮

（1）显示器。显示加工菜单及加工中的各种信息。

（2）电压表。用于显示高频脉冲电源的加工电压，空载电压一般为 80 V 左右。

（3）电流表。用于显示高频脉冲电源的加工电流（加工电流应小于 5 A）。

（4）低/高压开关。用于选择高压、低压。

（5）对中/高频开关。用于选择低压和开高频。

（6）水泵开。用于开水泵。

（7）丝筒开。用于开丝筒。

（8）水泵停。用于关水泵。

（9）丝筒停。用于停止丝筒。

（10）步进指示灯。用于显示进给轴。

（11）脉冲电源选择开关。用于选择脉冲电源个数。

（12）脉冲宽度波段开关。用于调整脉冲宽度参数，控制旋钮开关逆时针转到底为脉冲宽度第 1 档，再依次顺时针转为 2～9 档，各档对应的脉宽分别为：5 μs、

10 μs、15 μs、20 μs、30 μs、40 μs、50 μs、60 μs、80 μs。

（13）脉冲间隙电位器。用于调整脉冲间隙参数，逆时针调脉冲间隙减小，顺时针调脉冲间隙加大。

（14）蜂鸣器。机床报警时，发生鸣叫。

（15）应急急停按钮。加工中出现紧急故障应立即按此按钮关机。

2.2.2 数控电火花线切割机床基本操作

以新火花机床厂生产的DK7732A型数控线切割机床例进行讲解。

1. 开机操作

（1）打开数控柜右侧电源开关，输入380 V交流电。

（2）打开计算机使其进入YH状态。

2. 按下列步骤做好切割前的准备工作

（1）水箱内准备好电解液，并连接好上、下水管。

（2）机床上穿好钼丝，*X*、*Y*两个方向校正垂直。

（3）紧固好预加工工件。

（4）按图纸编制加工程序，按工件的材质、厚度和精度要求，选择最佳脉间、脉宽、电压、电流等电参数。

（5）调整好上丝架的高度。

3. 机床的操作顺序

1）加工时顺序、操作步骤

接通电源→输入加工程序→开启运丝电机→开启水泵电机→开启高频电源→开启控制机进给开关→检查步进电机是否吸住→检查工作台刻度值有无变化→控制机高频置自动状态→开启变频开关，调整变频速度→开始加工。

（1）开机：按下电源开关，接通电源。

（2）加工程序输入数控柜。

（3）开运丝：按下运丝开关，让电极丝空运转，检查电极丝抖动情况和松紧程度。若电极丝过松，则应均匀紧丝。

（4）开水泵、调整喷水量：开水泵时，请先把调节阀调至关闭状态，然后逐渐开启，调节至上下喷水柱包容电极丝，水柱射向切割区即可，水量适当。

（5）开脉冲电源选择电参数。

（6）根据工件对切割效率、精度、表面粗糙度的要求，选择最佳的电参数。电极丝切入工件时，把脉冲间隔拉开，待切入后，稳定时再调节脉冲间隔，使加工电流满足要求。

（7）开启数控柜，进入加工状态。观察电流表在加工过程中，指针是否稳定，精心调节，切忌短路。

2）加工结束顺序

关变频开关→关高频电源→关水泵电机→关运丝电机→检查工作台的 *X*、*Y*、*U*、*V* 坐标值回零（终点与始点坐标值应一致）→拆下工件。

2.3 西班牙 ONA AE300 慢走丝数控电火花线切割机床操作实训

西班牙 ONA AE300 慢走丝线切割机床如图 1-25 所示，ONA AE300、400、600、1000 系列慢走丝切割机床技术参数见表 1-5。

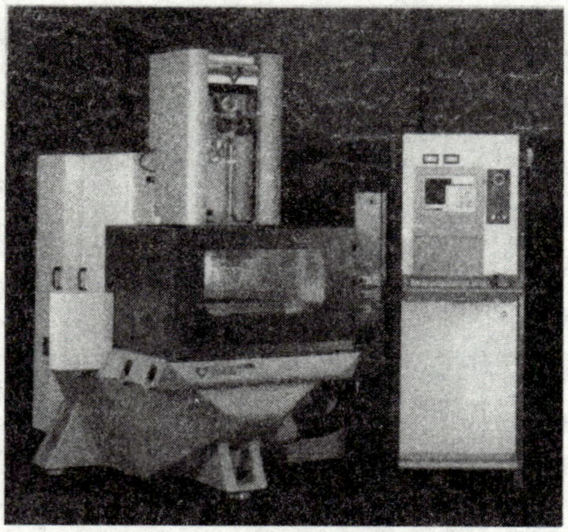

图 1-25 ONA AE 300 慢走丝线切割机床

表 1-5 ONA AE300、400、600、1000 系列慢走丝线切割机床技术参数

技术参数	ONA AE 300	ONA AE 400	ONA AE 600	ONA AE 1000
X-Y 轴行程/mm	400×300	600×400	800×600	1500×1000
Z 轴行程/mm	250	400	500	600
U-V 轴行程/mm	80×80	80×80	500×500	500×500
最大工件尺寸/mm	800×700×250	1 000×810×400	1 300×1 040×500	1 950×1 600×600
最大工件质量/kg	1 000	3 000	5 000	10 000
切割锥度（400 mm/500 mm/600 mm）(*Z*)	±8.5° /250 mm	±5° /400 mm	±30° /400 mm	±20° /600 mm
最大切割锥度	±30° /50 mm	±30° /50 mm	±25° /500 mm	±30° /400 mm
电极丝直径/mm	0.1～0.3			
电极丝卷筒	DIN 100、DIN 125、DIN 160、DIN 200、DIN 355			
导丝机构	封闭，高精度定位			
重复定位精度（*X*，*Y*，*U*，*V*）/mm	0.001			

注：DIN，即 Deutsche Industrie Normen（德国工业标准）（原联邦德国）。

ONA AE300 慢走丝切割机床结构图如图 1-26 所示。

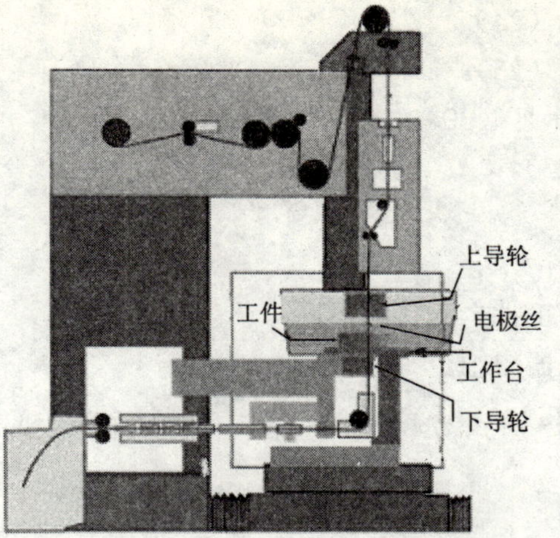

图 1-26　ONA AE 300 慢走丝线切割机床结构图

1. 操作面板及其功能应用

1）控制元件

（1）电源开关（图 1-27）。

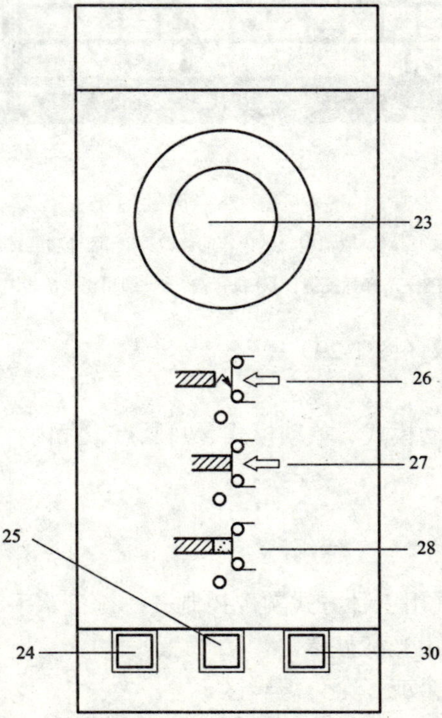

图 1-27　开关面板

（2）“开机”按钮（24）。

（3）“关机”按钮（25）。

（4）电源接通指示灯（30）。

（5）急停按钮（23）。

（6）发光二极管。

① 显示电源接通；

② 显示电极丝和工件之间接触短路；

③ 显示低压和机器侵蚀。

（7）键盘（图 1-28）。

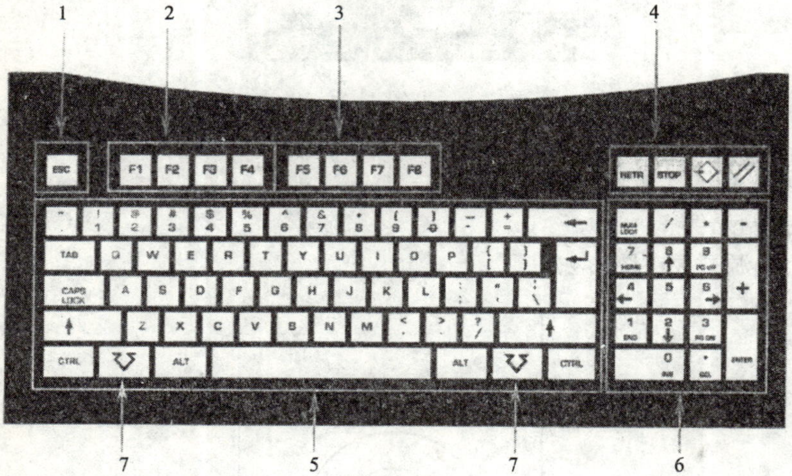

图 1-28 键盘

1—ESC 键，用于关闭屏幕上的窗口、取消编辑区内作的修改；2—选择功能键，F1～F4—快速选择功能键；3—选择标签键；F5～F8—选择标签键；4—执行键；5—通用键；6—小键盘；7—快速启动菜单

（8）手动控制面板（图 1-29）。

① 轴控制键。

② 模式选择：连动模式、单动模式、回原点、找内孔中心、接触工件、分中和取消模式选择。

③ 手动控制辅助键。

2）控制

控制方式：可以采用三种方式实现控制——键盘、手动控制面板和鼠标。

① 鼠标，其位置由光标显示。

② 窗口，包含一个或多个可编辑区。

③ 可编辑区，包括数值编辑区、标签、下拉菜单、选择菜单和按键。

④ 界面（主窗口）（图 1-30）

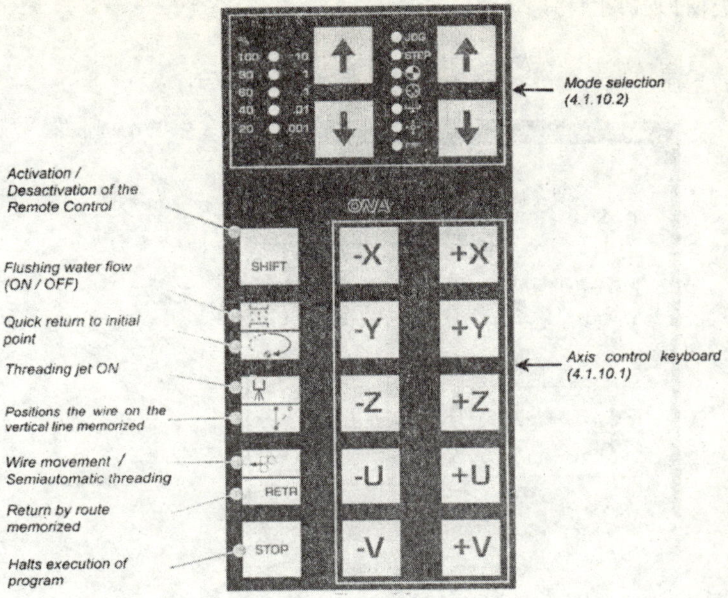

图 1-29　手动控制面板

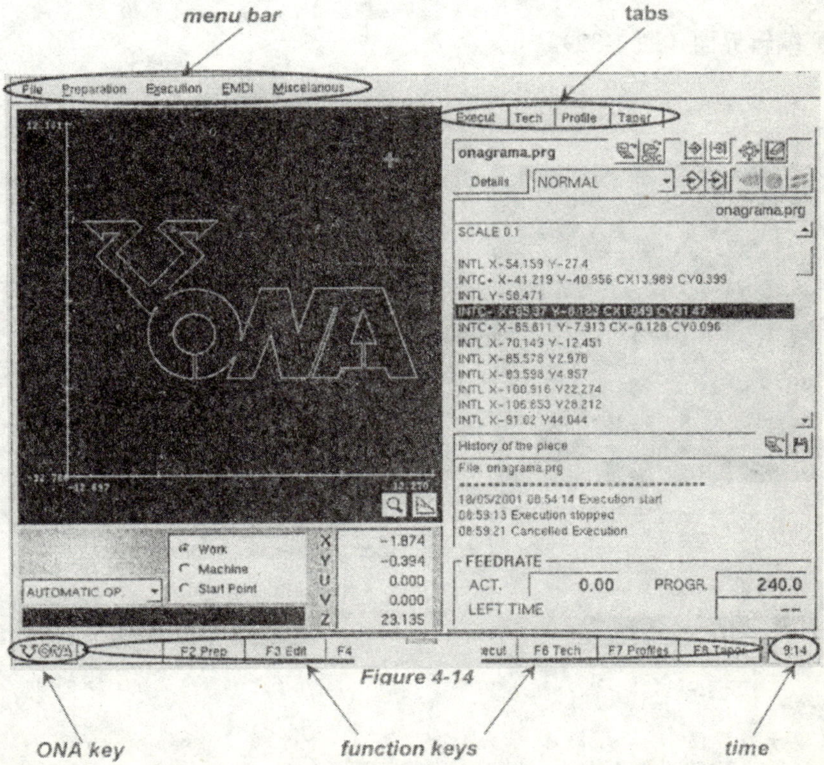

图 1-30　主窗口

⑤ 二级窗口（图 1-31）。

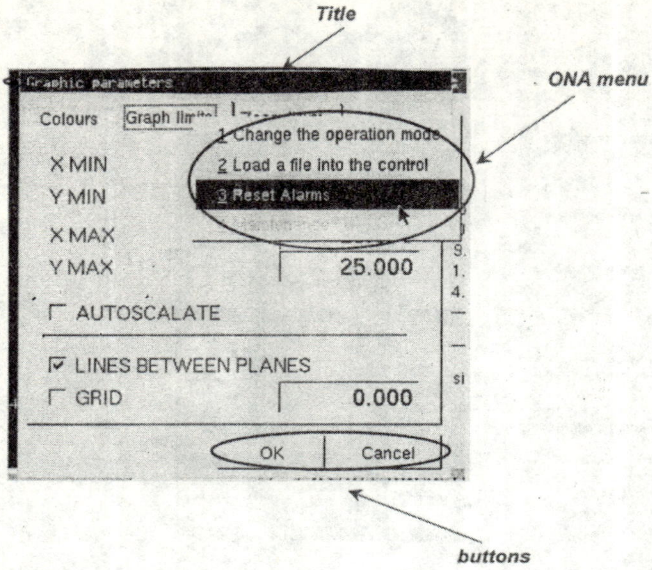

图 1-31 二级窗口

⑥ 编辑界面（图 1-32）。

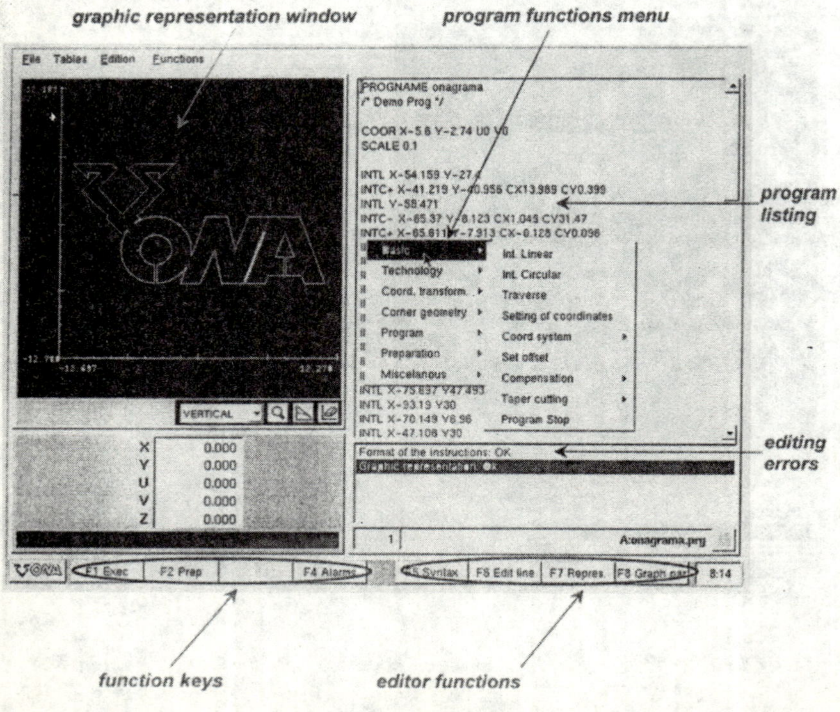

图 1-32 编辑界面

⑦ 文件（图 1-33、图 1-34）。

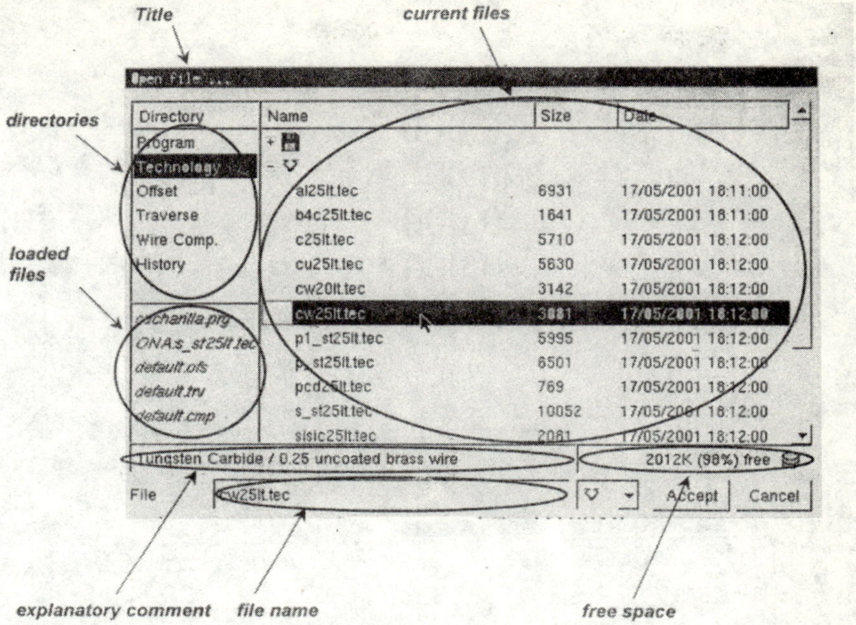

图 1-33　文件页面

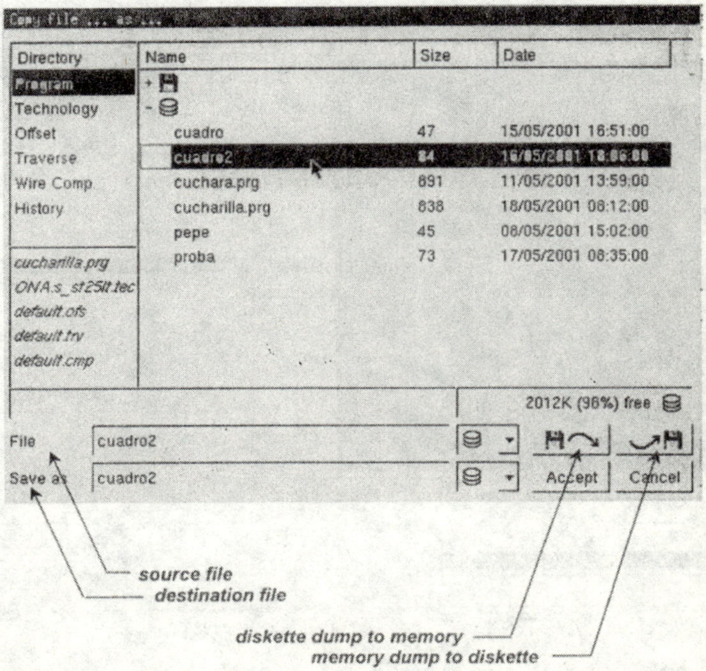

图 1-34　文件页面

3）数控

（1）准备界面（图 1-35）。

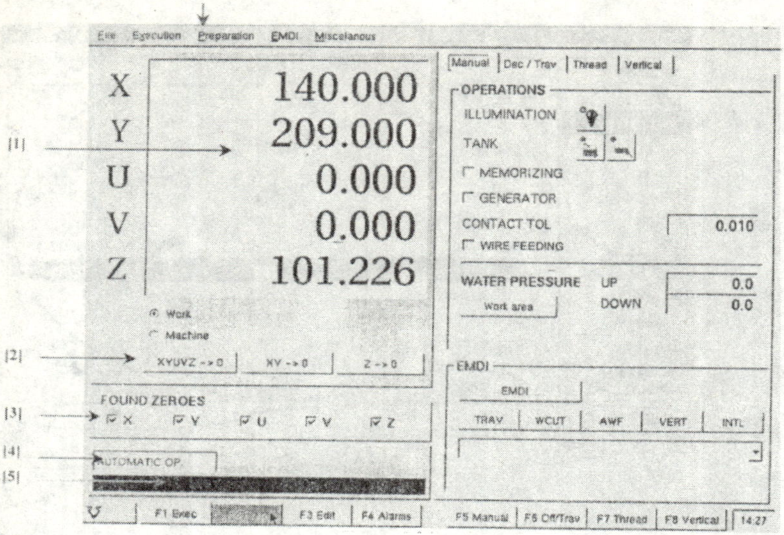

图 1-35 准备界面

（2）执行界面（图 1-36）。

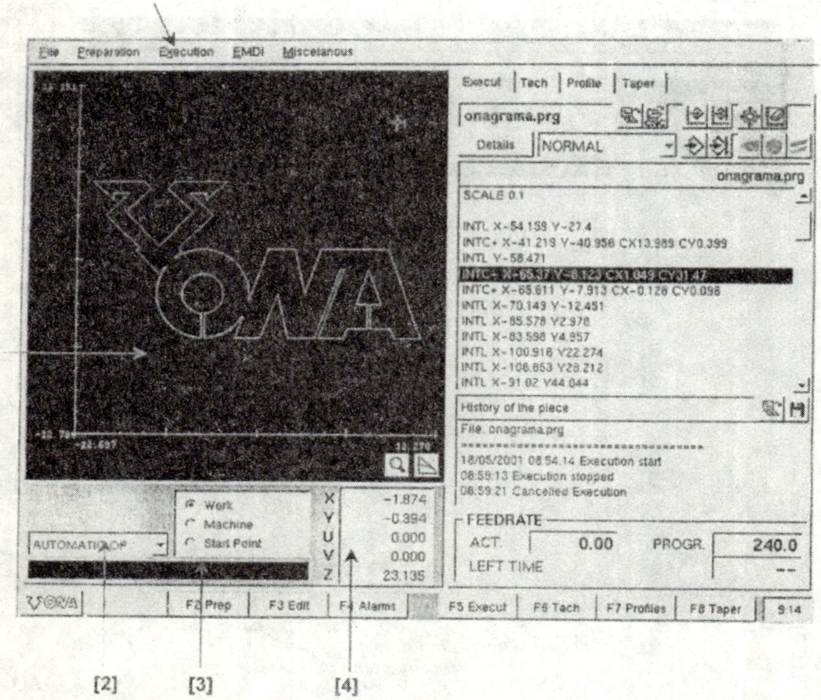

图 1-36 执行界面

（3）编辑界面（图 1-37）。

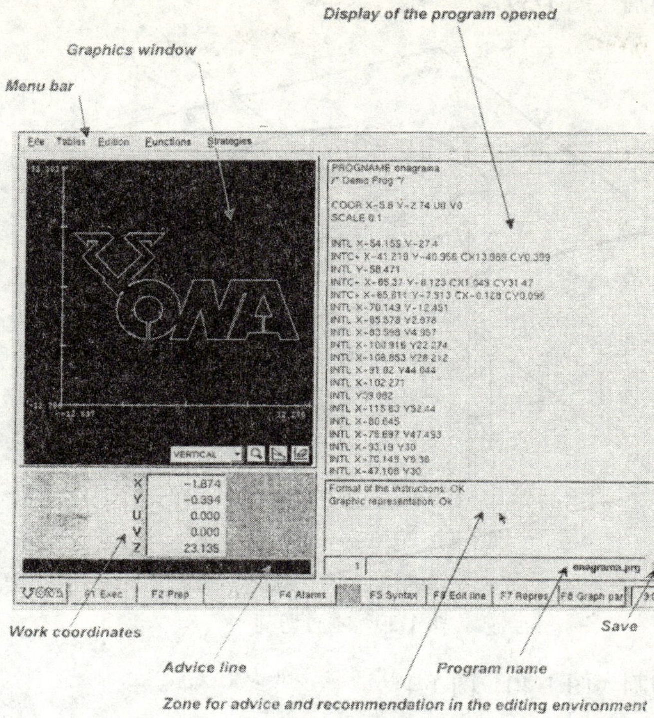

图 1-37　编辑界面

（4）杂项（图 1-38）。

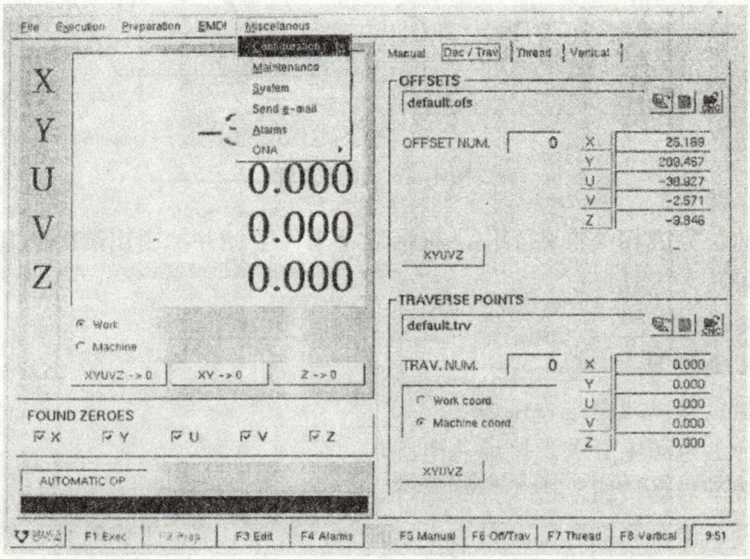

图 1-38　杂项

4）切割类型

（1）垂直切割（图 1-39）。

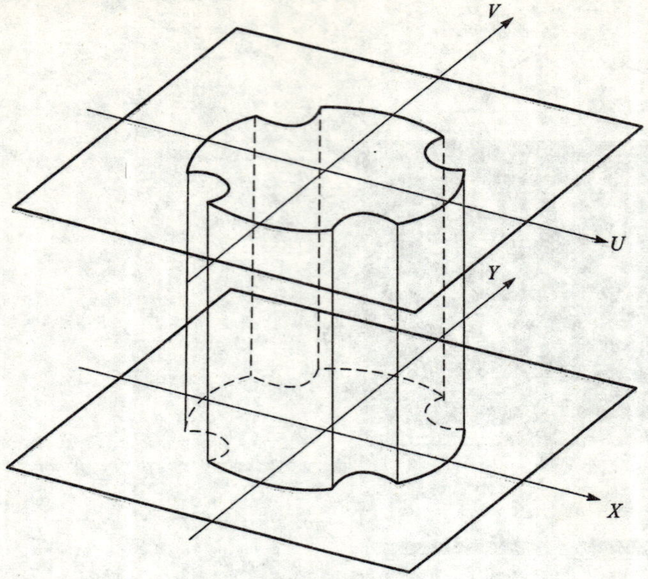

图 1-39　垂直切割

（2）锥度切割（图 1-40、图 1-41）。

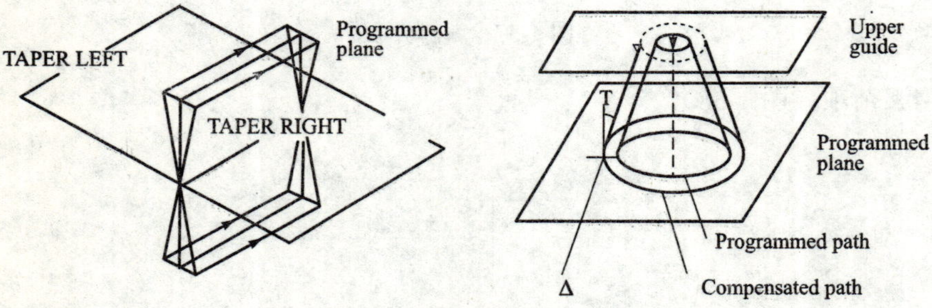

图 1-40　锥度切割

加工前，完成相关准备工作，包括准备工件毛坯并加工出准确的基准面、压板、夹具等装夹工具。

2. 开机

开机步骤如下：

（1）检查外接线路是否接通。

（2）合上电源主开关，接通总电源。

（3）按下启动按钮，进入控制系统。

开机后，检查系统各部分是否正常，包括高频电源、工作液泵、储丝筒等的运行情况。

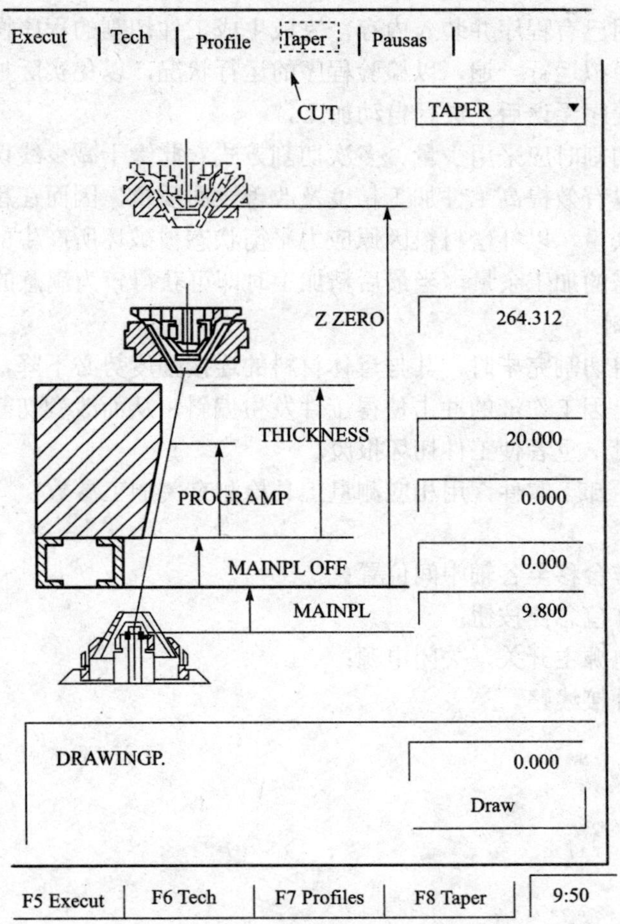

图 1-41　锥度切割

3. 电极丝安装

进行储丝筒绕丝、穿丝和电极丝位置校正等操作。

电极丝垂直度校核，可以采用如下三种方法之一：① 目视法；② 火花法；③ 接触感知法。

本慢走丝线切割机床具有接触感知功能，用于电极丝定位最为方便。

4. 工件安装

装夹工件后，根据工件厚度调整 Z 轴至适当位置并锁紧。

5. 电极丝初始坐标位置调整

移动 X、Y 轴坐标确立电极丝切割起始坐标位置。

6. 开启工作液泵，调节喷嘴流量

7. 程序输入与运行

按机床操作说明书的要求，通过在不同操作模块间的切换，用键盘输入加工程序或直接调用已有程序并装入内存，完成生成工件切割的程序操作。执行程序前，先将程序模拟运行一遍，以检验程序的运行状况，以免实际加工后造成不良的后果。确认程序无误后，进行自动加工。

慢走丝线切割时应采用少量、多次切割方式。此缘于减少线切割加工时工件材料的变形可以有效提高工件加工精度及改善表面质量，因而在粗加工或半精加工时可留一定余量，以补偿材料因原应力平衡状态被破坏所产生的变形和最后一次精加工时所需的加工余量，当最后精加工时即可获得较为满意的加工效果。

8. 零件检测

当工件行将切割完毕时，其与母体材料的连接强度势必下降，此时要注意固定好工件，防止因工作液的冲击使得工件发生偏斜，从而改变切割间隙，轻者影响工件表面质量，重者使工件切坏报废。

加工结束，卸下零件，用相应测量工具检测有关加工参数。

9. 关机

（1）将工作台移至各轴中间位置；

（2）按下红色急停按钮；

（3）扳下电源主开关，关闭电源；

（4）断开外接线路。

知识与技能 3

数控线切割加工前的准备

3.1 电火花线切割加工操作流程

电火花线切割机床操作加工流程如下：

（1）开机床电源；

（2）装夹工件，校平平行度；

（3）上丝、穿丝、紧丝，调整切割厚度；

（4）电极丝垂直找正；

（5）将程序输入机床或自动编程；

（6）确定加工起点；

（7）启动机床加工，根据加工要求调整加工参数；

（8）加工完毕，卸下工件检测；

（9）清洁整理机床。

3.2 加工前准备

1. 工件材料的选定和处理

工件材料选型是由图样设计时确定的。例如，模具加工，在加工前需要锻打和热处理。锻打后的材料在锻打方向与其垂直方向有不同的剩余应力；淬火后也同样出现剩余应力。对于这种加工，在加工中剩余应力的释放会使工件变形，而达不到加工尺寸精度，淬火不当的材料还会在加工中出现裂纹，因此，工件应在回火后才能使用，而且回火要两次以上或者采用高温回火。另外，加工前要进行消磁处理及去除表面氧化皮和锈斑等。

2. 工件的工艺基准

电火花线切割时，除要求工件具有工艺基准面或工艺基准线外，同时还必须具有线切割加工基准。

由于电火花线切割加工多为模具或零件加工的最后一道工序，因此，工件大多具有规则、精确的外形。若外形具有与工作台 *X*、*Y* 平行且垂直于工作台水平面的两个面并符合六点定位原则，则可以选取一面作为加工基准面。

若工件侧面的外形不是平面，在对工件技术要求允许的条件下可以加工出的工艺平面作为基准。工件上不允许加工工艺平面时，可以采用划线法在工件上划出基准线，但划线仅适用于加工精度不高的零件。若工件侧面只有一个基准平面或只能加工出一个基准面时，则可用预先以加工的工件内孔作为加工基准。这时不论工件上的内孔原设计要求如何，必须在机械加工时使其位置和尺寸精确适应其作为加工基准的要求。若工件以划线为基准时，则要求工件必须具有可作为加工基准的内孔。工件本身无内孔时，可用位置和尺寸都准确的穿丝孔作为加工基准。

3. 电极丝材料与直径的选择

电极丝的选择是线切割工艺编制的重要内容之一，电极丝应具有良好的导电性和抗电蚀性，抗拉强度高。常用的电极丝有钨丝、钼丝、黄铜丝等。快走丝线切割机床一般采用钼丝，其直径在0.08～0.20 mm，钼丝一卷总长度为1 800～2 000 m。

电极丝的直径应根据工件加工的切缝宽窄、工件厚度及拐角圆弧尺寸大小等方面选择。电极丝的选择：当工件较厚且外形较简单时，宜选用直径较粗（ϕ0.16 mm以上）的电极丝；而当工件厚度较小且形状较复杂时，宜选用较细（一般取（ϕ0.10～0.12 mm）的电极丝。注意，所选用的电极丝应在有效期内（通常为出厂后1年），过期的电极丝因表面氧化等原因，加工性能下降，不宜用于正式工件的加工。

4. 穿丝孔的加工

1）穿丝孔加工的必要性

凹形类封闭形工件在切割前必须具有穿丝孔，以保证工件的完整性，这是显而易见的。凸形类工件的切割也有必要加工穿丝孔。由于坯件材料在切断时，会破坏材料内部应力的平衡状态而造成材料的变形，影响加工精度，严重时甚至造成夹丝、断丝。当采用穿丝孔时，可以使工件坯料保持完整，从而减少变形所造成的误差，如图1-42所示。

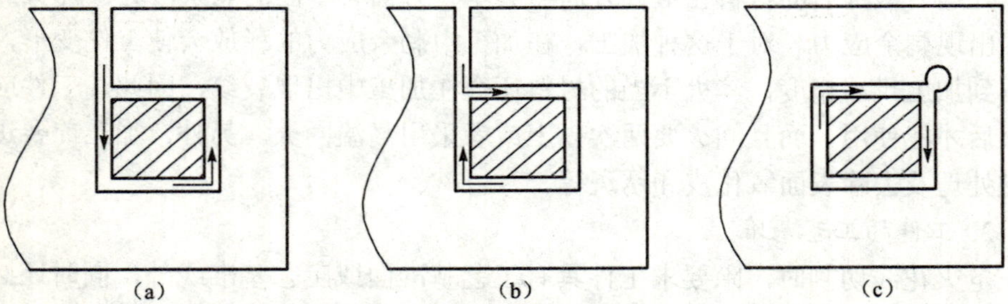

图1-42　加工穿丝孔与否、切割凸模的比较

（a）不正确；（b）不好；（c）好

2）穿丝孔的位置和直径

在切割中、小孔形凹形类工件时，穿丝孔位于凹形的中心位置操作最为方便。因为这既便于穿丝孔的加工位置准确，又便于控制坐标轨迹的计算。

在切割凸形类工件或大孔凹形类工件时，穿丝孔应设置在加工起始点附近，这样可以大大缩短无用的切割行程。穿丝孔的位置，最好选在已知坐标点或便于计算的坐标点上，以简化有关轨迹控制的运算。

穿丝孔的直径不宜太小或太大，以钻或镗孔工艺简便为宜，一般选在3～10 mm。孔径最好选取整数值或较完整数值，以简化用其作为加工基准的运算。

3）穿丝孔的加工

由于多个穿丝孔都要作为加工基准，因此，在加工时必须确保其位置精度和尺寸精度。这就要求穿丝孔应在具有较精密坐标工作台的机床上进行加工。为了保证孔径尺寸精度，穿丝孔可采用钻铰、钻镗或钻车等较精密的机械加工方法。穿丝孔的位置精度和尺寸精度，一般要等于或高于工件要求的精度。

5. 加工路线选择

在加工中，工件内部应力的释放要引起工件的变形，所以在选择加工路线时，必须注意以下几点：

（1）避免从工件端面开始加工，应从穿丝孔开始加工。

（2）加工的路线距端面（侧面）应大于5 mm，以保证工件结构强度。

（3）加工路线开始应从离开工件夹具的方向进行加工（即不要一开始加工就趋近夹具），最后再转向工件夹具的方向。如图1-43所示。

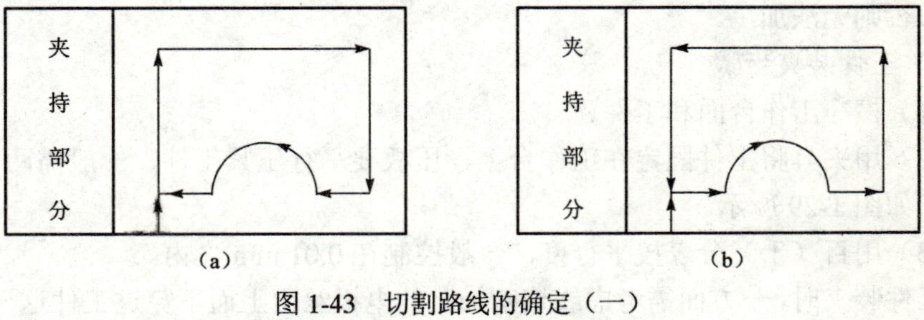

图1-43　切割路线的确定（一）

（a）错误；（b）正确

（4）在一块毛坯上要切出2个以上零件时，不应连续一次切割出来，应从不同预孔开始加工。见图1-44。

6. 工件的装夹

线切割加工中，零件的加工精度与工件的装夹有很大的关系，线切割加工机床的夹具比较简单，使用机床配备的夹具及附件即可满足使用要求，一般在通用夹具上采用压板螺钉固定工件，为了适应各种形状工件加工的需要，机床还可以使用磁性夹具、旋转夹具和专用夹具。

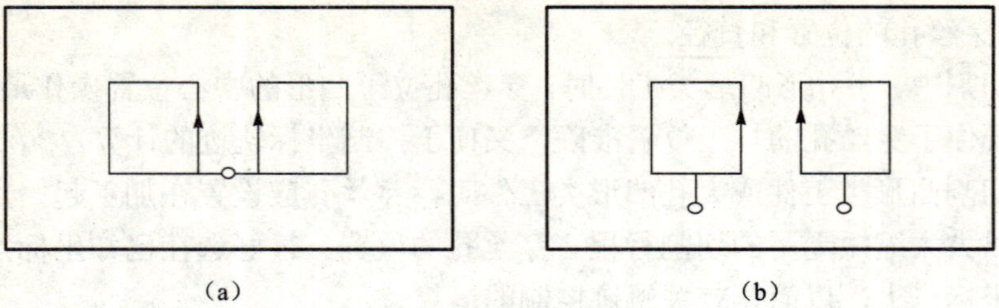

图 1-44 切割路线的确定（二）

(a) 从一个预孔开始加工（不正确）；(b) 从不同预孔开始加工（正确）

1）工件装夹的要求

（1）待装夹的工件其基准部位应清洁无毛刺，符合图样要求。对经淬火的模件在穿丝孔或凹模类工件扩孔的台阶处，要清洁淬火时的渣物及工件淬火时产生的氧化膜表面，否则会影响其与电极丝间的正常放电，甚至卡断电极丝。

（2）所有夹具精度要高，装夹前先将夹具与工作台面固定好。

（3）保证装夹位置在加工中能满足加工行程需要，工作台移动时不得和丝架臂相碰，否则无法进行加工。

（4）装夹位置应有利于工件的找正。

（5）夹具对固定工件的作用力应均匀，不得使工件变形或翘起，以免影响加工精度。

（6）成批零件加工时，最好采用专用夹具，以提高工作效率。

（7）细小、精密、薄壁的工件应先固定在不易变形的辅助小夹具上才能进行装夹，否则无法加工。

2）工件装夹步骤

（1）擦净工作台面和工件。

（2）用夹具将工件固定在工作台上，压板要平行压紧工件，一般需两个以上压板，如图 1-29 所示。

（3）用百（千）分表校平行度，一般控制在 0.01 mm 之内。

工件装夹时，一方面需考虑线切割加工的电极丝由上而下穿过工件这一因素，另一方面应充分考虑装夹部位、穿丝孔和切入位置，以保证切割路径在机床坐标行程内。

表 1-6 中列出了线切割机床上安装工件的一些典型方法。

7. 工件位置的找正

1）工件位置的找正

工件安装到机床工作台上后，在进行装夹前，要先对工件的平行度进行校正，一般为工件的侧面与机床运动的坐标轴平行。工件位置找正的方法有以下几种。

（1）校表法：利用磁力表座、百分表等进行找正，工件精度要求较高时采用。

表1-6　线切割加工工件常用安装方式

名称	示意图	说明
悬臂支撑方式	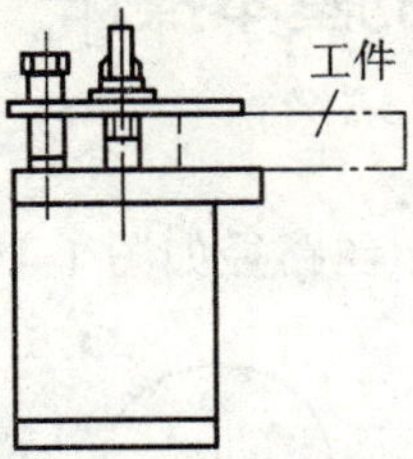	悬臂支撑通用性强，装夹方便。但由于工件单端面压紧，另一端悬空，使得工件底面不易与工作台平行，所以易出现上仰或倾斜的情况，致使切割表面与工件上下平面不垂直或达不到预定的精度。因此，只有在工件的技术要求不高或悬臂部分较小的情况下才能采用
两端支撑方式	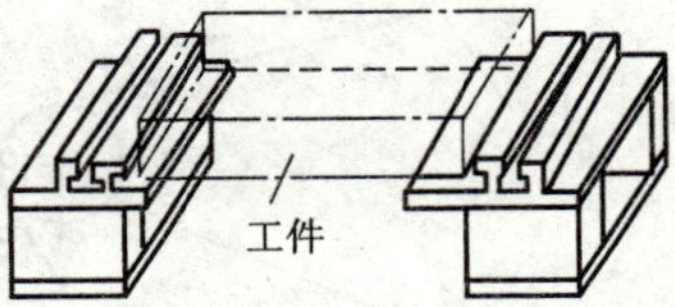	两端支撑是把工件两端都固定在夹具上，这种方法装夹支撑稳定，平面定位精度高，工件底面与切割面垂直度好，但对较小的零件不适用
桥式支撑方式	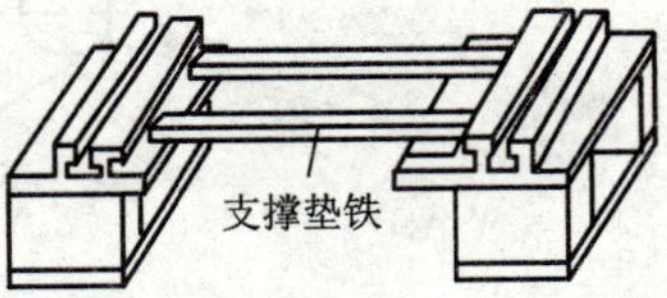	桥式支撑是在双端夹具体下垫上两个支撑铁架。其特点是通用性强、装夹方便，对大、中、小工件装夹都比较方便
板式支撑方式	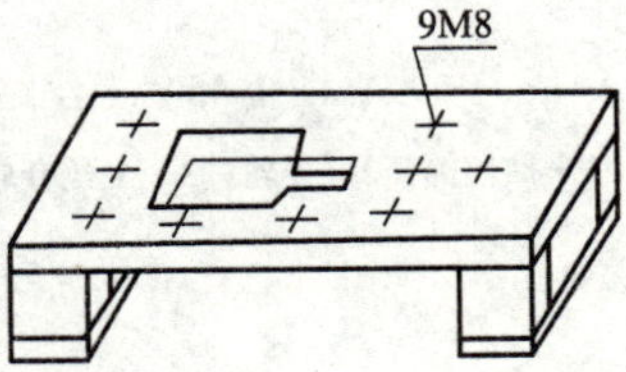	板式支撑夹具可以根据经常加工工件的尺寸而定，可呈矩形或圆形孔，并可增加 X 和 Y 两方向的定位基准，装夹基准精度较高，适于常规生产和批量生产
复式支撑方式	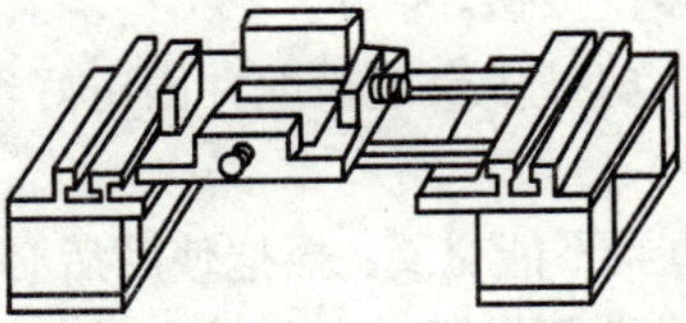	复式支撑夹具是在桥式夹具上，再装上专用夹具组合而成，它装夹方便，特别适用于成批零件加工，既可节省工件找正和调整电极丝相对位置等辅助工时，又保证了工件加工的一致性

（2）划线法：利用画线通过目测进行找正。

（3）固定基面靠定法。

2）电极丝与工件的相对找正

电极丝与工件的相对位置，可用电极丝与工件接触短路的检测功能进行测定。通常有以下几种找正方式：

（1）电极丝垂直找正；

（2）端面找正；

（3）自动找中心。

3.3 线切割加工的基本操作

1. 上丝操作

上丝包括半自动动上丝或者手动上丝，上丝路径如图 1-45 所示。

（1）按下储丝筒停止按钮，断开断丝检测开关。

（2）将丝盘套在上丝电动机轴上，并用螺母锁紧。

（3）用摇把将储丝筒摇至极限位置或与极限位置保留一定距离。

（4）将丝盘上电极丝的一端拉出绕过上丝介轮、导轮，并将丝头固定在储丝筒端部紧固螺钉上。

（5）剪掉多余的丝头，顺时针转动储丝筒几圈后打开上丝电动机开关，拉紧电极丝。

（6）转动储丝筒，将丝缠绕至 10～15 mm 宽度，取下摇把，松开储丝筒停止按钮，将调速旋钮调至“1 档”。

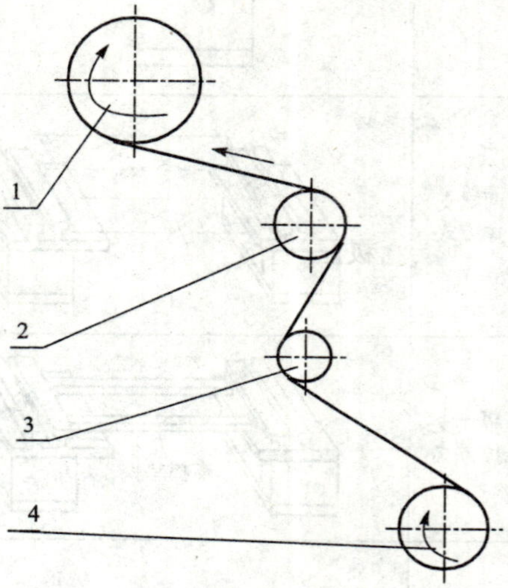

图 1-45 上丝路径

1—储丝筒；2—导轮；3—上丝介轮；4—上丝电动机

（7）调整储丝筒左右行程挡块，按下储丝筒开启按钮开始绕丝。

（8）接近极限位置时，按下储丝筒停止按钮。

（9）拉紧电极丝，关掉上丝电动机，剪掉多余电极丝并固定好丝头，半自动上丝完成。

在上丝过程中要注意储丝筒上、下边丝不能交叉；摇把使用后必须立即取下，以免误操作使摇把甩出，造成人身伤害或设备损坏；上丝结束时，一定要沿绕丝方向拉紧电极丝再关断上丝电动机，避免电极丝松脱造成乱丝。

2. 穿丝操作

（1）按下储丝筒停止按钮。

（2）将张丝丝架拉至最右端并用插销定位。

（3）取下储丝筒一端丝头并拉紧，按穿丝路径依次绕过各导轮，最后固定在丝筒紧固螺钉处。

（4）剪掉多余丝头，用摇把转动储丝筒反绕几圈。

（5）拔下张丝滑块上的插销，手扶张丝滑块缓慢放松到滑块停止移动，穿丝结束。

在穿丝过程中要注意储丝筒上、下边丝不能交叉；摇把使用后必须立即取下，以免误操作使摇把甩出，造成人身伤害或设备损坏。

3. 储丝筒行程调整

穿丝完毕后，根据储丝筒上电极丝的多少和位置来确定储丝筒的行程，为防止机械性断丝，在行程挡块确定的长度之外，储丝筒两端还应有一定的储丝量。具体的调整方法是：

（1）用摇把将储丝筒摇至在轴向剩下 8 mm 左右的位置停止。

（2）松开相应的限位块上的紧固螺钉，移动限位块至接近感应开关的中心位置后固定。

（3）用同样的方法调整另一端，两行程挡块之间的距离即储丝筒的行程。

4. 电极丝的垂直找正

线切割机床在使用中需要定期用找正器对电极丝进行垂直找正，主要是保证电极丝与工作台面垂直。如图 1-46 所示，具体操作步骤如下：

（1）把工作台面和找正器各面擦干净并保证无损坏。

（2）移动 *Z* 轴至适当位置后锁紧，将找正器底面靠实工作台面，长向平行与 *X* 轴或 *Y* 轴。

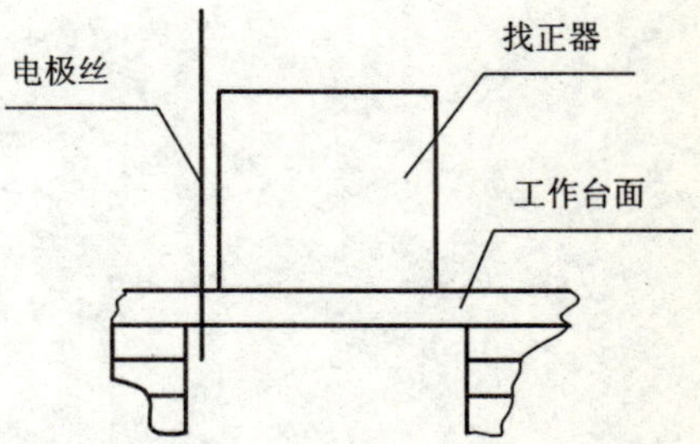

图 1-46　电极丝垂直找正

（3）用手控盒移动 *X* 轴或 *Y* 轴坐标至电极丝贴近找正器垂直面。

（4）选择“手动”菜单中的“接触感知”子菜单。

（5）按 F7 键，进入控制电源微弱放电功能，丝筒启动，高频打开。

（6）在手动方式下，调整手控盒移动速度，移动电极丝接近找正器，当它们之间的间隙足够小时，会产生放电火花。

（7）通过手控盒点动 *U* 轴或 *V* 轴坐标，直到放电火花上下均匀一致，电极丝即找正。

（8）找正完毕后，选择“手动”菜单中的“设零点”子菜单，分别把 *U*、*V* 轴设零。

5. 电极丝运动起点位置的确定

线切割加工之前，须将电极丝定位在一个相对工件基准的确切点上，作为切割的起始坐标点。其方法主要有目测法、火花法、接触感知法、电阻法。

（1）目测法：是利用钳工或钻削加工工件穿丝孔所划的十字中心线，目测电极丝与十字基准线的相对位置。该方法适用于加工精度要求较低的工件。

（2）火花法：是利用电极丝与工件在一定间隙下发生放电火花来调整电极丝

位置的方法。

（3）接触感知法：目前装有计算机数控系统的线切割机床都具有接触感知功能，用于电极丝定位最为方便。

（4）电阻法：是利用电极丝与工件基准面由绝缘到短路，两者间电阻瞬间突然变化来调整电极丝与工件基准面相对坐标位置的方法。该方法操作方便、测量准确、灵敏度高。常用以下两种方法，即电表法、讯响法。

第2篇

基于工作过程的数控线切割加工操作技能训练

学习情境 4

角度样板的线切割加工

1. 学习目标

（1）了解线切割加工原理、特点、应用及线切割机床结构。

（2）能够正确进行线切割机床基本操作。

（3）能运用 ISO 代码进行简单零件的线切割编程。

（4）掌握线切割机床安全操作规程。

（5）能够使用线切割机床自带的自动编程软件进行简单零件的编程操作。

（6）能够正确使用线切割机床完成角度样板零件的加工，并能保证零件加工精度。

（7）能够进行机床的维护保养工作。

（8）学会掌握采用“六步法”的工作方法及步骤。

（9）养成良好的工作态度，建构严谨的团队协作能力，培养良好的职业道德和社会责任心。

2. 案例工作任务

应用快走丝数控线切割机床完成如图 2-1 所示的角度样板的线切割加工。

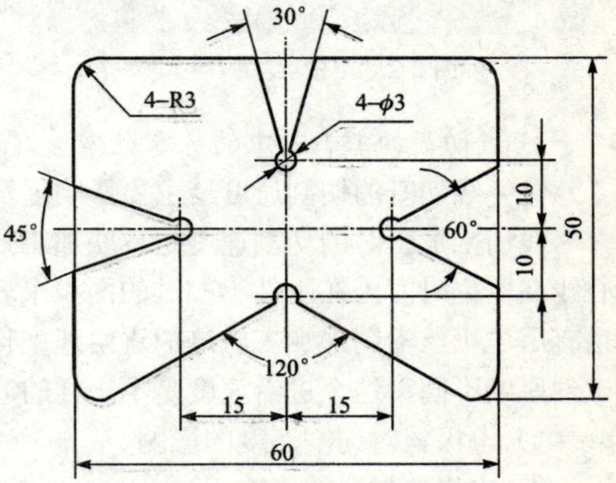

图 2-1　角度样板

3. 情境描述

该工作任务为加工一角度样板，角度样板是学生在车工磨刀操作实训时所需的一个检测工具，通过角度样板的加工使学生掌握线切割加工基本操作方法及注意事项。

4.1 知识准备

1. 电极丝材料与直径的选择

电极丝的选择是线切割工艺编制的重要内容之一，电极丝应具有良好的导电性和抗电蚀性，抗拉强度高。常用的电极丝有钨丝、钼丝、黄铜丝等。快走丝线切割机床一般采用钼丝，其直径在0.08～0.20 mm，钼丝一卷总长度为1 800～2 000 m。电极丝的直径 d 应根据工件加工的切缝宽窄、工件厚度及拐角圆弧尺寸大小等方面选择。电极丝的选择：当工件较厚且外形较简单时，宜选用直径较粗（ϕ0.16 mm以上）的电极丝；而当工件厚度较小且形状较复杂时，宜选用较细（一般取ϕ0.10～ϕ0.12 mm）的电极丝。注意，所选用的电极丝应在有效期内（通常为出厂后1年），过期的电极丝因表面氧化等原因，加工性能下降，不宜用于正式工件的加工。电极丝如图2-2所示。

2. 角度样板

角度样板是学生在车工实训时所需的一种检测工具，常用于磨螺纹刀时对刀。一般在同一样板上要有几种角度供对刀用。如图2-3所示。

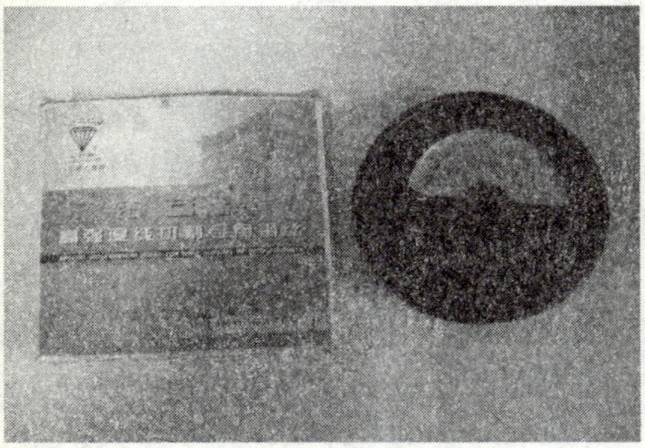

图2-2 电极丝（钼丝）

图2-3 角度样板

3. 线切割加工工艺中的基本规律

（1）线切割的切割速度及主要影响因素

线切割加工时的切割速度是反映加工效率的重要指标。它一般用电极丝的中心线在单位时间内在工件上扫过的面积来表示，即切割速度 VWA（mm^2/min）；也有用电极丝沿图形加工轨迹的进给速度作为电火花线切割加工切割速度的，但工件厚度不同，这个进给速度是不一样的。其主要影响因素如下。

1）电极丝对切割速度的影响

① 电极丝材料的影响。

线切割加工使用的电极丝材料有钼丝、钨丝、钨钼丝、黄铜丝、铜钨丝等，其中以钼丝和黄铜丝用得较多。

不同材料的电极丝，其切割速度也有很大差别。采用钨丝加工时，可获得较高的切割速度，但放电后丝质变脆，容易断丝，故应用较少，只在慢速走丝弱规准加工中尚在使用。钼丝比钨丝熔点低，抗拉强度低，但韧性好，在频繁急热冷变化中，丝质不易变脆，不易断丝。因此，尽管切割速度比钨丝低，却仍被广泛采用。钨钼丝（钨、钼各50%合金）加工效果比前两种都好，它具有钨、钼两者的特性，因此，使用寿命和切割速度都比钼丝高。采用黄铜丝加工时，加工速度较高，加工稳定性好，但抗拉强度差，损耗大。目前，普遍采用钼丝作为快走丝线切割机床的电极丝，在慢走丝线切割机床中普遍采用铜丝。

② 电极丝直径对切割速度的影响。

电极丝直径越大，切割速度就越快，但是随着直径的增大，要受到工艺要求的约束，而且增大加工电流，加工表面的表面粗糙度会变差，一般电极丝直径的大小，要根据工件厚度、工件材料和工件的加工要求而定。

③ 电极丝振动对切割速度的影响。

在切割过程中，电极丝的振动，如果振动幅度比较小时，可以提高切割速度；但振动幅度太大或振动的振幅无规则，就容易引起电极丝和工件之间的短路或不稳定放电，从而降低切割速度或出现断丝。

④ 电极丝张力和走丝速度对切割速度的影响。

在切割过程中，如果电极丝的张力越大，其切割速度越高，主要原因是由于电极丝的拉紧，其振动幅度变小，不容易产生短路；但是张力过大，容易引起断丝。

早期的线切割加工机床几乎是采用慢速走丝方式，电极丝的线速度约为每秒零点几毫米到几百毫米的范围。这种走丝方式是比较平稳均匀的，电极丝抖动小，故可得到较高的表面光洁度和加工精度，但切割速度比较低。因为走丝慢，放电产物不能及时被带出放电间隙，使脉冲频率降低，易造成短路及不稳定放电现象。提高电极丝走丝速度，工作液容易被带入放电间隙，放电产物也容易排除至间隙之外，改善了间隙状态，进而可提高加工速度。但在工艺条件确定后，随走丝速度的提高，加工速度的提高是有限的，当走丝速度达到某一值后，切割速度就趋向稳定。

快速走丝方式和慢速走丝方式相比较，在速度上是悬殊的。走丝速度的快慢不仅仅是量上的差异，而且使加工效果产生质的差异。它对加工过程的稳定性、加工速度的快慢、可加工的厚度等有明显的影响。快速走丝方式的丝速一般为每秒几百毫米到几十米，如果丝速为 10 mm/s 时，相当于 1 μs 时间，电极丝移动 0.01 mm。这样快的速度，有利于脉冲结束时，放电通道迅速消电离。同时，高速运动的电极丝能把工作液带入厚度较大工件的放电间隙中，有利于排屑和放电加工稳定进行。在一定的加工条件下，随着丝速的增大，切割速度高，但有一个最佳走丝速度对应着最大切割速度；超过这一丝速，加工速度开始下降。

2）工件对切割速度的影响

不同工件材料对切割速度的影响有很大差别，材料的熔点、沸点、导热系数越高，放电时蚀除量越小。一般切割铝合金的速度比较高，切割石墨、聚晶及硬质合金等材料时切割速度就比较低。

工件厚度的大小对切割速度的影响也不一样，工件越厚，在进给方向的加工面积就越大，由于面积效应会提高切割速度；但随着工件厚度的增加，当达到一定程度后，由于排屑条件变差，容易引起短路，反而使切割速度降低。

3）工作液对切割速度的影响

线切割加工一般采用线切割专用的乳化液，不同的乳化液有着不同的切割速度。为了提高切割速度，在加工中，有时可以加进有利于提高切割速度的导电液，因为工作液导电率低，放电间隙增大，加工稳定。

在线切割加工时，提供适当压力的工作液，可以有效地排除加工屑，同时还可以增强对电极丝的冷却效果，从而有利于提高切割速度。

4）脉冲电源对切割速度的影响

单个脉冲电源的放电能量越大、放电脉冲数越多，峰值电流越大，蚀除的材料也就越多。一般来说，脉冲宽度和脉冲频率与切割速度成正比。但是，如果单个脉冲能量过大，会使电极丝的振动加大，从而降低切割速度，并且容易断丝；脉冲频率过高，脉冲间隔太小，无法充分消电离，也会引起电弧烧伤加工及烧断电极丝，使加工无法进行，导致切割速度下降。

在放电加工时，其正、负极的蚀除量是不同的，在窄脉冲加工时，正极（阳极）的蚀除量高于负极（阴极）的蚀除量，这种现象称为“极性效应”。线切割加工大多是窄脉冲加工，为了提高切割速度，一律采用工件接脉冲电源的正极（采用正极性加工）。

（2）影响线切割加工精度的主要因素

线切割的加工精度指加工尺寸精度、形状及位置精度等。影响加工精度的因素主要有以下几个方面：

① 机床的机械精度对加工精度的直接影响。比如丝架与工作台的垂直度、工作台拖板移动的直线度及其相互垂直度、夹具的制造精度与定位精度等，对加工精度有直接影响。导轮组件的几何精度与运动精度以及电极丝张力的大小与稳定性对加工区域电极丝的振动幅度和频率有影响，所以对加工精度误差的影响也很大。为了提高加工精度，应尽量提高机床的机械精度和结构刚度，确保工作台平稳、准确、标准、轻快地移动。电极丝的张力尽量恒定且偏大一点。同时，对于固定工件的夹具也应予以重视，除了夹具自身的制作精度外，装夹时一定要牢固、可靠。

② 电参数如脉冲波形、脉冲宽度、间隙电压等对工件的蚀除量、放电间隙以及电极的损耗有较大的影响。因此，在加工过程中应尽量保持脉冲宽度、间隙电压的稳定，使放电间隙保持均匀一致，从而有利于加工精度的提高。放电波形前后沿调整得陡一些，可以降低电极丝损耗，从而有利于加工精度的提高。

③ 机床控制系统的控制精度对加工精度也有直接的影响。控制精度越高、越稳定，则加工精度越高。

（3）线切割加工的表面粗糙度及其主要影响因素

线切割加工表面粗糙度质量主要看工件表面质量粗糙度的高低及表面变质层的厚薄，电极丝在放电过程中不断移动，会产生振动，对加工表面产生不利的影响，放电产生的瞬间高温使工件表层材料熔化、汽化，在爆炸力作用下被抛出，但有些材料在工作液的冷却下又重新凝固，而且，在放电过程中也会有少量电极丝材料溅入工件表层，所以在工件表面会产生变质层。工件表面粗糙度主要受到以下因素的影响。

1）脉冲宽度与脉冲频率

脉冲宽度的大小决定每个放电坑的体积大小。当工件的表面粗糙度低，变质层薄时，必须采用窄脉冲加工。因为脉冲频率高，放电坑穴重叠机会加大，有利于降低表面粗糙度。通常，脉冲间隔均大于脉冲宽度。当间隙电压较高或走丝速度较快、电极丝直径较大时，由于排屑条件好，可以减少脉冲间隔，提高放电频率；而当工件厚度偏大、排屑条件不佳时，可以适当加大脉冲间隔。

2）工件材料

工件材料对加工表面粗糙度的影响也很大。熔点高、导热好的材料，其表面粗糙度优于熔点低、导热性差的材料。前者的变质层厚度也小于后者。为了改善加工表面粗糙度，在不影响其使用性能的前提下选用合适的加工材料。

3）工作液

在加工过程中，冷却液应当充足，以有效地清洁放电间隙，从而有利于提高表面粗糙度，并能够有效地冷却电极丝。

4）电极丝振动

电极丝系统运行应平稳，以减小电极丝的晃动，使电极丝在运动过程中始终保持平稳；当电极丝的张力较大且恒定时，电极丝的振动较小。这样均有利于细化加工表面粗糙度。相反，则会使加工表面粗糙度值加大。

4. 编程时程序起点、进刀线和退刀线的选择

（1）程序起点的选择

程序起点一般也是切割的起点。由于加工过程中存在各种工艺因素的影响，钼丝返回到起点时必然存在重复位置误差，造成加工痕迹，使精度和外观质量下降，为了避免或减小加工痕迹，程序起点应按下述原则选定。

① 被切割工件各表面的粗糙度要求不同时，应在粗糙度要求较低的面上选择起点。

② 工件各表面的粗糙度要求相同时，则尽量在截面图形的相交点上选择起点。当图形上有若干个相交点时，尽量选择相交角较小的交点作为起点。当各交角相同时，起点的优先选择顺序是：直线与直线的交点，直线与圆弧的交点，圆弧与圆弧的交点。

③ 对于各切割面既无技术要求的差异又没有型面的交点的工件，程序起点应

尽量选择在便于钳工修复的位置上。例如，外轮廓的平面、半径大的弧面，要避免选择在凹入部分的平面或圆弧上。

（2）选择进刀线和退刀线应注意的事项

① 进刀线和退刀线不与第一条边重合；

② 进刀线和退刀线不与第一条边夹角过小或距离过小；

③ 进刀线和退刀线最好在通过工件的中心线上；

④ 带补偿时，应从角平分线进刀。

4.2 应用“六步”工作程序来完成该项工作任务

1. 资讯——我们要做什么？

该任务是应用快走丝数控线切割机床完成如图 2-4 所示角度样板的线切割加工，要求零件精度合格。

所用设备为陕西汉川机床厂生产的 DK7732A 型数控电火花线切割机床或江苏新火花机床厂生产的 DK7732 型数控线切割加工机床。材料为 2 mm 厚的 45 号薄钢板。

2. 决策——确定实施办法和所需材料

1）电极丝的选择

电极丝采用ϕ0.18 mm 的钼丝，单边放电间隙 0.01 mm。

2）夹具及工件装夹方式的选择

工件材料为 2 mm 厚的 45 号薄钢板，采用压板装夹工件。

3）切割路线及进、退刀线的设计

零件的切割路线及进、退刀线的设计如图 2-4 所示。

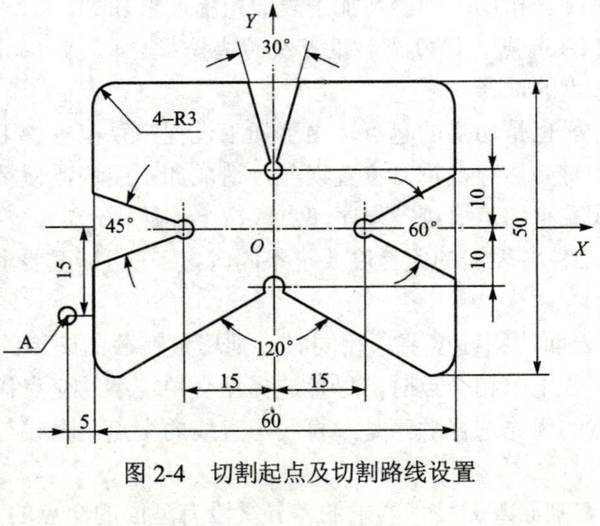

图 2-4 切割起点及切割路线设置

切割起点见图 2-4，采用顺时针切割。

4）工件原点设定

工件原点设定如图 2-4 所示。

3. 计划——考虑如何去完成

（1）线切割加工基本上是一次加工成型，一般不需要中途转换电参数。

（2）机床已经上好钼丝，学生不用进行上丝、穿丝、找正钼丝操作。

（3）电极丝补偿的确定：

由于采用ϕ0.18 mm 的钼丝，加工单边间隙取 0.01 mm，丝半径补偿量为 0.1 mm。

（4）电参数选择如下：

高频脉冲宽度（ON）30 μs，高频脉冲停歇（OFF）为 150 μs。高频功率管数（IP）为 3，伺服速度（SV）为 0，停歇时间扩展（MA）为 10。

（5）参考加工程序。

以陕西汉川机床厂生产的 DK7732A 型数控电火花线切割机床为例，其参考程序见表 2-1。

表 2-1　参考程序

程序内容		程序说明
N10	G92　X-35000　Y-15000	确定切割起点，设定加工坐标系
N20	G41　D100	执行电极丝半径补偿，左偏，补偿量为 0.1 mm
N30	G01　X-30000　Y-15000	切割进刀线
N30	G01　X-30000　Y-6213	切割零件
N40	G01　X-16386　Y-574	切割零件
N50	G03　X-16386　Y574　I1386　J576	切割零件
N60	G01　X-30000　Y6213	切割零件
N70	G01　X-30000　Y22000	切割零件
N80	G02　X-27000　Y25000　I3000　J0	切割零件
N90	G01　X-4019　Y25000	切割零件
N100	G01　X-388　Y11449	切割零件
N110	G01　X4019　Y25000	切割零件
N120	G01　X27000　Y25000	切割零件
N130	G02　X30000　Y22000 I0　J-3000	切割零件
N140	G01　X30000　Y8660	切割零件
N150	G01　X16299　Y750	切割零件
N160	G03 X16299　Y-750 I-1299 J-750	切割零件

续表

程序内容		程序说明
N170	G01 X30000 Y-8660	切割零件
N180	G01 X30000 Y-22000	切割零件
N190	G02 X27000 Y25000 I-3000 J0	切割零件
N200	G01 X25981 Y-25000	切割零件
N210	G01 X1299 Y-10750	切割零件
N220	G03 X-1299 Y-10750 I-1299 J750	切割零件
N230	G01 X-25981 Y-25000	切割零件
N240	G01 X-27000 Y-25000	切割零件
N250	G02 X-30000 Y-22000 I0 J3000	切割零件
N260	G01 X-30000 Y-15000	切割零件
N270	G40	取消电极丝半径补偿
N280	G01 X-35000 Y-15000	切割退刀线
N290	M02	程序结束

4. 实施——具体实施操作步骤

按照以下 9 个步骤完成本工作任务。

(1) 开机：启动机床电源进入系统。

(2) 检查系统各部分是否正常，包括高频、水泵、丝筒等的运行情况。

(3) 装夹并校正工件。

(4) 编制、输入、检查、校验程序。

(5) 移动 *X*、*Y* 轴坐标确定切割起始位置。

(6) 启动机床加工，根据加工要求调整加工参数。

加工参数选择如下：

高频脉冲宽度（ON）30 μs，高频脉冲停歇（OFF）为 150 μs，高频功率管数（IP）为 3，伺服速度（SV）为 0，停歇时间扩展（MA）为 10。

(7) 监控机床运行状态，如发现工作液循环系统堵塞应及时疏通，及时清理电蚀产物，但是在整个切割过程中，均不宜变动进给控制按钮。

(8) 加工完毕，卸下工件并进行检测。

(9) 清理机床并打扫车间卫生。

5. 检查——监测加工过程

在切割工件过程中，要注意以下几项内容检查：

(1) 工件正式加工前，必须再次仔细检查程序及补偿值是否正确，确保工件正确加工。

（2）加工过程中，注意检查工作液大小是否合适，一般为上方喷嘴工作液能包住钼丝，下方喷嘴工作液能喷到工件底面。

（3）加工过程中，注意工作液是否堵塞，以及及时补充工作液。

6. 评估

完成工件的切割加工后，我们可从以下几方面评估整个加工过程，达到不断优化的目的。

对工件尺寸精度进行评估，找出尺寸超差是机床因素还是测量因素，为工件后续加工时尺寸精度控制提出解决办法或合理化建议。

对工件的加工表面质量进行评估，找出表面质量缺陷的原因，提出解决方法。

回顾整个加工过程，是否有需要改进的操作。

4.3　安全注意事项

（1）工作台架范围内，不允许放置杂物。

（2）注意电极丝与导电块接触要良好。

（3）注意不要损坏有机玻璃罩。

（4）合理配制工作液，以提高加工效率及表面质量，注意及时补充工作液。

（5）切割时，注意控制喷嘴流量不要过大，以防飞溅。

（6）摇柄使用后应立即取下，避免人身事故的发生。

（7）工作液箱中过滤网应每月清洗一次。

（8）Z 轴调整：大行程时，需先抽去丝。

（9）对于加工质量要求高的工件，在进行正式切割前，最好进行试切。试切的材料应该为拟切工件的材料，经过试切可以确定加工时的各种参数。

（10）装夹工件不许使用加力杆，加工时工件不受宏观切削力，不需要太大的夹紧力，因此把工件夹紧便可。

（11）装夹工件应充分考虑装夹部位和穿丝进刀位置，保证切割路径通畅。

（12）切割时要随时观察运行情况，排除事故隐患。

（13）工作过程中，如发生故障，应立即切断电源，请专门维修人员处理。

（14）严禁超重或超行程加工。

（15）下班前关闭所有电源开关，并清扫机床及实训车间，关闭照明灯及风扇方可离开。

学生工作任务及思考

1. 学生工作任务

应用数控线切割机床加工如图 2-5 所示工件，材料为 A3 冷轧板，厚度为 3 mm，

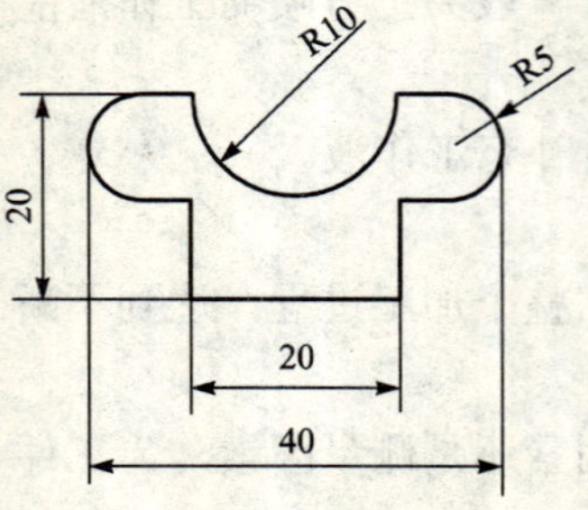

图 2-5 工件图

电极丝为ϕ0.18 mm 的钼丝，单边放电间隙为 0.01 mm。试制定其线切割加工工艺、写出加工程序并加工。

2. 思考

（1）数控电火花线切割加工的工艺指标有哪些?

（2）如何调整数控线切割加工进给速度?

（3）数控线切割加工时,安装工件应注意什么问题?

学习情境 5

凸模的线切割加工

1. 学习目标

（1）掌握电参数及非电参数对线切割加工的影响。

（2）掌握快走丝线切割机床上丝、穿丝的操作方法。

（3）掌握快走丝线切割机床电极丝的垂直校正方法。

（4）能够正确选用加工中的电参数及非电参数。

（5）掌握快走丝线切割的加工技能。

（6）养成良好的工作态度，建构严谨的团队协作能力，培养良好的职业道德和社会责任心。

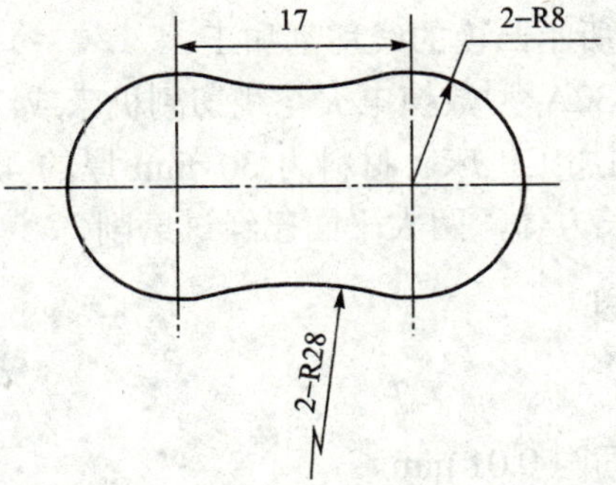

图 2-6　凸模

2. 案例工作任务

应用快走丝数控线切割机床完成如图 2-6 所示凸模的线切割加工。

3. 项目描述

该工作任务为加工一凸模零件，通过凸模零件的加工使学生掌握模具凸模零件的加工操作方法及注意事项，熟练掌握数控线切割机床的基本操作方法。

5.1 知识准备

1. 调整电极丝垂直度

在装夹工件前必须以工作台为基准，先将电极丝垂直度调整好，再根据技术要求装夹加工坯料。条件许可时最好以角尺刀口再复测一次电极丝对装夹好工件的垂直度。如发现不垂直，说明工件装夹可能有翘起或低头，也可能工件有毛刺或电极丝没挂进导轮，需立即修正。因为模具加工面垂直与否直接影响模具质量。

2. 调整脉冲电源的电参数

脉冲电源的电参数选择是否恰当，对加工模具的表面粗糙度、精度及切割速度起着决定性的作用。

电参数与加工工件技术工艺指标的关系是：脉冲宽度增加、脉冲间隔减小、脉冲电压幅值增大（电源电压升高）、峰值电流增大（功率管增多）都会使切割速度提高，但加工的表面粗糙度和精度则会下降；反之，则可改善表面粗糙度和提高加工精度。随着峰值电流的增大，脉冲间隔减小、频率提高、脉冲宽度增大、电极丝损耗增大，脉冲波形前沿变陡，电极丝损耗也增大。

3. 调整进给速度

当电参数选好后，在采用第一条程序切割时，要对变频进给速度进行调整，这是保证稳定加工的必要步骤。只有加工不稳，工件表面质量会大大下降，工件的表面粗糙度和精度变差，同时还会造成断丝。只有电参数选择恰当，同时变频进给调得比较稳定，才能获得好的加工质量。

5.2 实训操作过程

应用“六步”工作程序来完成该项工作任务。

5.2.1 资讯——我们要做什么？引导出问题

应用快走丝数控线切割机床完成如图 2-6 所示凸模的线切割加工。

所用设备为陕西汉川机床厂生产的 DK7732A 型数控电火花线切割机床或江苏新火花机床厂生产的 DK7732 型数控线切割加工机床。材料为 30 mm 厚的 45 号钢板，毛坯为 120 mm×20 mm×30 mm 的长方体，两大平面已经过磨削。

5.2.2 决策——确定实施办法和所需材料

1. 电极丝的选择

电极丝采用ϕ0.18 mm 的钼丝，单边放电间隙 0.01 mm。

2. 夹具及工件装夹方式的选择

采用压板装夹工件。

3. 切割路线及进、退刀线的设计

零件的切割路线及进、退刀线的设计如图 2-7 所示。

切割起点见图 2-7 中的 *A* 点，采用顺时针切割。

4. 工件原点设定

工件原点设定如图 2-7 所示。

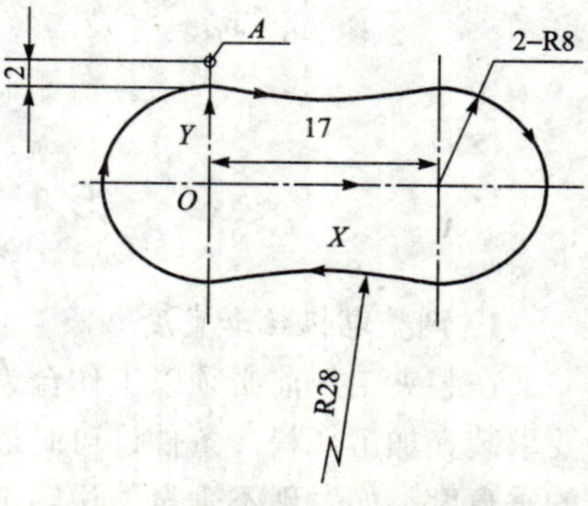

图 2-7 切割起点及切割路线设置

5.2.3 计划——考虑如何去完成？

（1）加工前需进行上丝、穿丝及钼丝垂直找正。

（2）电极丝补偿的确定：

由于采用ϕ0.18 mm 的钼丝，加工单边间隙取 0.01 mm，丝半径补偿量为 0.1 mm。

（3）电参数选择如下：

高频脉冲宽度（ON）为 50 μs，高频脉冲停歇（OFF）为 200 μs，高频功率管数（IP）为 3，伺服速度（SV）为 2，停歇时间扩展（MA）为 10。

（4）加工程序。

采用自动编程方式。其参考程序见表 2-2。

表 2-2　参考程序

程序内容		程序说明
N10	G92　X0　Y10000	确定切割起点，设定加工坐标系
N20	G41　D100	执行电极丝半径补偿，左偏，补偿量为 0.1 mm
N30	G01　X0　Y8000	切割进刀线
N40	G02　X1889　Y7774　I0　J-8000	切割零件
N50	G03　X15111　Y7774　I6611　J27208	切割零件
N60	G02　X15111　Y-7774　I1889　J-7774	切割零件
N70	G03　X1889　Y-7774　I-6611　J-27208	切割零件
N80	G02　X0　Y8000　I-1889　J7774	切割零件
N90	G40	取消电极丝半径补偿
N100	G01　X0　Y10000	切割退刀线
N110	M02	程序结束

5.2.4　实施——具体实施操作步骤

按照以下 11 个步骤完成本工作任务。

（1）开机：启动机床电源进入系统。

（2）检查系统各部分是否正常，包括高频、水泵、丝筒等的运行情况。

（3）装夹并校正工件。

（4）上丝、穿丝。

（5）电极丝垂直找正。

（6）编制、输入、检查、校验程序。

（7）移动 *X*、*Y* 轴坐标确定切割起始位置。

（8）启动机床加工，根据加工要求调整加工参数。

（9）监控机床运行状态，如发现工作液循环系统堵塞应及时疏通，及时清理电蚀产物，但是在整个切割过程中，均不宜变动进给控制按钮。

（10）加工完毕，卸下工件并进行检测。

（11）清理机床并打扫车间卫生。

5.2.5 检查

在切割工件过程中，要注意以下几项内容检查：

（1）工件正式加工前，必须再次仔细检查程序及补偿值是否正确，确保工件正确加工。

（2）加工过程中，注意检查工作液大小是否合适，一般为上方喷嘴工作液能包住钼丝，下方喷嘴工作液能喷到工件底面。

（3）加工过程中，注意工作液是否堵塞，以及及时补充工作液。

5.2.6 评估

完成工件的切割加工后，我们可从以下几方面评估整个加工过程，达到不断优化的目的。

（1）对工件尺寸精度进行评估，找出尺寸超差是机床因素还是测量因素，为工件后续加工时尺寸精度控制提出解决办法或合理化建议。

（2）对工件的加工表面质量进行评估，找出表面质量缺陷的原因，提出解决方法。

（3）回顾整个加工过程，是否有需要改进的操作。

5.3 安全注意事项

（1）工作台架范围内，不允许放置杂物。

（2）注意电极丝与导电块接触要良好。

（3）注意不要损坏有机玻璃罩。

（4）合理配制工作液，以提高加工效率及表面质量，注意及时补充工作液。

（5）切割时，注意控制喷嘴流量不要过大，以防飞溅。

（6）摇柄使用后应立即取下，避免人身事故的发生。

（7）工作液箱中过滤网应每月清洗一次。

（8）Z轴调整：大行程时，需先抽去丝。

（9）对于加工质量要求高的工件，在进行正式切割前，最好进行试切。试切的材料应该为拟切工件的材料，经过试切可以确定加工时的各种参数。

（10）装夹工件不许使用加力杆，加工时工件不受宏观切削力，不需要太大的夹紧力，因此把工件夹紧便可。

（11）装夹工件应充分考虑装夹部位和穿丝进刀位置，保证切割路径通畅。

（12）切割时要随时观察运行情况，排除事故隐患。

（13）工作过程中，如发生故障，应立即切断电源，请专门维修人员处理。

（14）严禁超重或超行程加工。

（15）下班前关闭所有电源开关，并清扫机床及实训车间，关闭照明灯及风扇方可离开。

学生工作任务及思考

1. 学生工作任务

应用数控线切割机床加工如图 2-8 所示工件，材料为 A3 冷轧板，厚度为 2 mm，电极丝为ϕ0.18 的钼丝，单边放电间隙为 0.01 mm。试制定其线切割加工工艺、写出加工程序并加工。

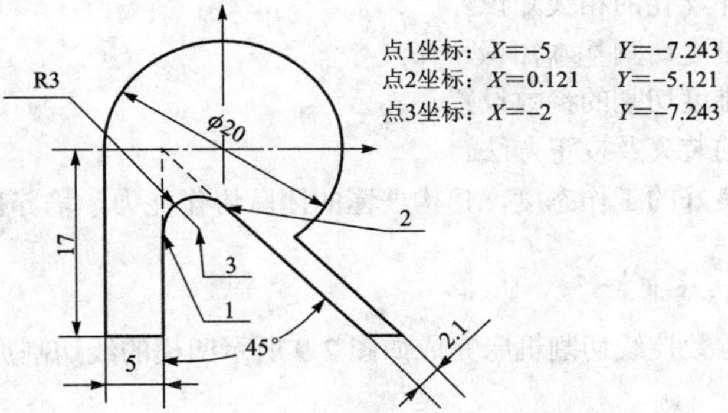

图 2-8

2. 思考

（1）线切割加工时不使用工作液可以吗？

（2）钼丝过松对工件加工精度有何影响？

（3）加工过程中严重短路（工作台不走）怎么办？

（4）加工参数设置不合理会产生什么后果？

（5）导轮径向跳动或轴向窜动对零件加工精度有何影响？

（6）加工过程中电极丝的补偿量如何确定？

学习情境 6

凹模的线切割加工

1. 学习目标

（1）掌握穿丝孔的相关知识。

（2）掌握锥度切割基本知识。

（3）掌握锥度切割的参数设置。

（4）工件的装夹及校正方法。

（5）养成良好的工作态度，建构严谨的团队协作能力，培养良好的职业道德和社会责任心。

2. 案例工作任务

应用快走丝数控线切割机床完成如图 2-9 所示凹模的线切割加工。

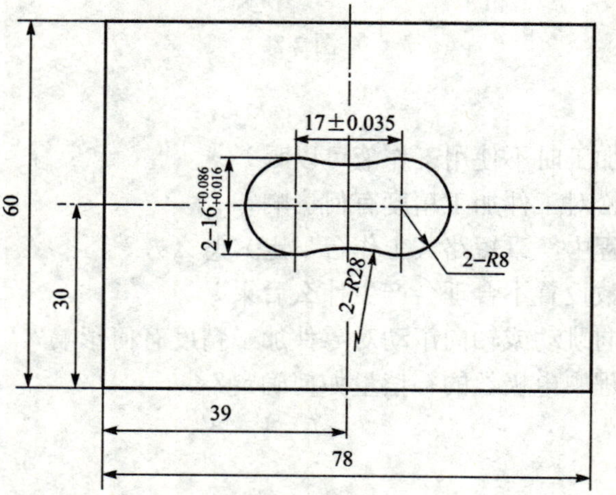

图 2-9　凹模

3. 项目描述

该工作任务为加工一个凹模零件，该零件是模具设计与制造专业学生在模具钳工操作实训时所加工模具中的一个零件，通过凹模零件的加工使学生熟练掌握穿丝、拆丝的基本操作以及工件的定位找正方法。

6.1 知识准备

1. 穿丝孔的加工

凹形类封闭形工件在切割前必须具有穿丝孔，以保证工件的完整性，这是显而易见的，在加工凸形类工件时也有必要加工穿丝孔。由于毛坯材料在切断时，会破坏材料内部应力的平衡状态而造成材料的变形，影响加工精度，严重时甚至造成夹丝、断丝，当采用穿丝孔时，可以使工件坯料保持完整，从而减少变形所造成的误差。

（1）穿丝孔直径大小应适当，一般为ϕ2～10 mm。如果穿丝孔直径过小，既增加钻孔难度又不方便穿丝；若孔径过大，则会增加钳工工作量。

（2）穿丝孔既是电极丝相对于零件运动的起点，也是线切割程序执行的起点（或称为程序“零点”），一般应选择在工件的基准点处。

（3）对于凸模类零件，通常选在坯件内部外形附近预制穿丝孔，且切割时运动轨迹与坯件边缘距离应大于 5 mm。

（4）切割凹模（或孔腔）类零件时，穿丝孔的位置一般可选在待切型孔（腔）的边角处，以缩短无用轨迹，并力求使之最短。

（5）若切割圆形孔类零件，可将穿丝孔位置选在型孔中心，这样便于编程与操作加工。

（6）穿丝孔应在零件淬硬之前加工好，且加工后应清除孔中铁屑、杂质。

2. 锥度加工指令（G50、G51、G52）

要加工有锥度的工件，使电极丝按要求的方向和斜角倾斜，工作台按规定的轨迹移动，就能进行斜度切割加工。电极丝的倾斜和走圆是由导轮带动电极丝进行的，为了能使电极丝在$\pm X$、$\pm Y$方向以及它们之间的任何方向倾斜，线架上导轮必须能做 X、Y 轴向移动。导轮移动可分为单导轮移动和双导轮移动两种方式，为了便于区分，上导轮移动的坐标用 U、V 表示。

以下以陕西汉川机床厂生产的 DK7732A 型数控电火花线切割机床为例讲解锥度编程方法。

加工带锥度的工件时要用锥度加工指令，顺时针加工时，锥度左偏加工出来的工件为上大下小（使用 G51 指令），锥度右偏加工出来的工件为上小下大（使用 G52 指令）；逆时针加工时相反。

G50：消除锥度　　G51：锥度左偏　　G52：锥度右偏

带锥度加工与机床的下导轮到工作台面的距离、工件高度、工作台面到上导轮距离、各个轴长度等参数有很大关系，本机床加工最大锥度为 6°，锥度加工时要给出 W、S、H 值，如图 2-10 所示。

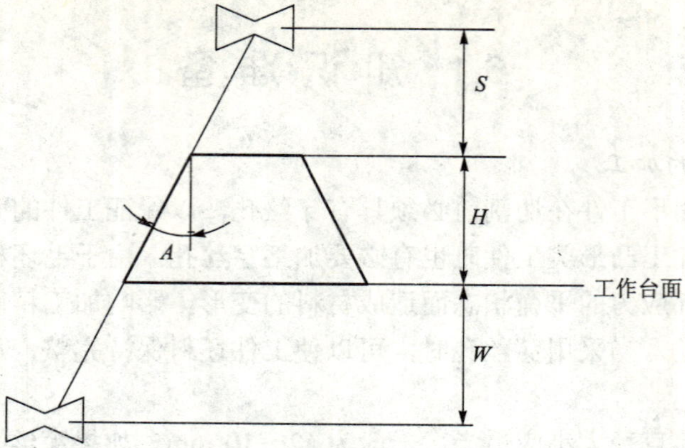

图 2-10　锥度加工参数定义

例 2-1　G92　X0　Y0

W60000

H40000

S100000

G52　A3　　　　　（G52 放在进刀线之前）

•

•

•

G50

G01　X0　Y0　　　（G50 放在退刀线之前）

M02

3. 加工中的紧丝操作

一般新上电极丝试运行期间，需 2 或 3 次紧丝。运行初期，每个班（8 h）紧 1 或 2 次丝。丝拉伸至极限后则会稳定运行，不需紧丝。

4. 加工中断丝的处理措施

断丝后，如果确信不是由于丝的本身质量或使用时间超过丝的使用寿命而引起的，可以利用丝筒上剩余的较多一半的丝，具体操作方法如下：

先将较多一半的丝断头在丝筒上固定好（两个丝头固定在一端螺钉上），然后将较少一半丝从丝筒上抽掉，丝筒上剩余的多一半丝可取下断头（另一个丝头必须固定好，然后按穿丝的操作程序重新穿好丝后固定丝头，再调整储丝筒行程挡块的位置在有丝缠绕的长度内，即可重新开始切割。

注意：

为防止叠丝，要在穿丝前摇动丝筒使断丝处与立柱上方丝槽对准，若用的是左端的一部分剩丝，则让断丝头相对于槽偏左一点，反之则偏右。

6.2　实训操作过程

应用“六步”工作程序来完成该项工作任务。

6.2.1　资讯——我们要做什么？引导出问题

应用快走丝数控线切割机床完成如图 2-9 所示凹模的线切割加工。

所用设备为陕西汉川机床厂生产的 DK7732A 型数控电火花线切割机床或江苏新火花机床厂生产的 DK7732 型数控线切割加工机床。材料为 10 mm 厚的 45 号钢板，毛坯为尺寸 78 mm×60 mm×10 mm，外形表面已加工好。

6.2.2　决策——确定实施办法和所需材料

1）电极丝的选择

电极丝采用ϕ0.18 mm 的钼丝，单边放电间隙为 0.01 mm。

2）夹具及工件装夹方式的选择

采用压板装夹工件，用校表法找正工件，如图 2-11 所示，以 *C* 面为定位，校表保证 *A* 面与 *X* 轴平行。

3）穿丝孔位置、切割路线及进、退刀线的设计

穿丝孔采用ϕ5 mm，其位置如图 2-11 所示。零件的切割路线及进、退刀线的设计如图 3-3 所示。

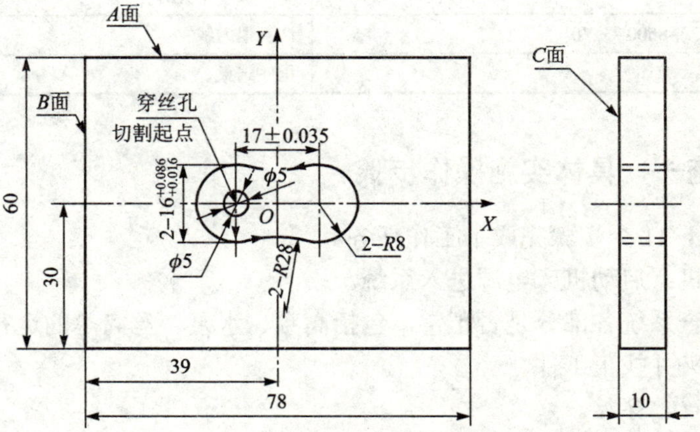

图 2-11　穿丝孔位置、切割起点及切割路线设置

切割起点如图 2-11 所示，采用逆时针切割。

4）工件原点设定

工件原点设定如图 2-11 所示。

6.2.3 计划——考虑如何去完成？

（1）加工前需进行穿丝孔加工、上丝、穿丝及钼丝垂直找正。

（2）电极丝补偿的确定：

由于采用ϕ0.18 mm 的钼丝，加工单边间隙取 0.01 mm，丝半径补偿量为 0.1 mm。

（3）电参数选择如下：

高频脉冲宽度（ON）为 50 μs，高频脉冲停歇（OFF）为 200 μs。高频功率管数（IP）为 3，伺服速度（SV）为 2，停歇时间扩展（MA）为 10。

（4）参考加工程序。

采用自动编程。其参考程序见表 2-3。

表 2-3 参考程序

程序内容		程序说明
N10	G92 X-8500 Y0	确定切割起点，设定加工坐标系
N20	G41 D100	执行电极丝半径补偿，左偏，补偿量为 0.1 mm
N30	G01 X-8500 Y-8000	切割进刀线
N40	G03 X-6611 Y-7774 I0 J8000	切割零件
N50	G02 X6611 Y-7774 I6611 J-27208	切割零件
N60	G03 X6611 Y7774 I1889 J7774	切割零件
N70	G02 X-6611 Y7774 I-6611 J27208	切割零件
N80	G03 X-8500 Y-8000 I-1889 J-7774	切割零件
N90	G40	取电极丝半径补偿
N100	G01 X-8500 Y0	切割退刀线
N110	M02	程序结束

6.2.4 实施——具体实施操作步骤

按照以下 11 个步骤完成本工作任务。

（1）开机：启动机床电源进入系统。

（2）检查系统各部分是否正常，包括高频、水泵、丝筒等的运行情况。

（3）装夹并找正工件。

（4）上丝、穿丝。

（5）电极丝垂直找正。

（6）编制、输入、检查、校验程序。

（7）移动 X、Y 轴坐标确定切割起始位置。

在加工该零件时，其切割起点位于点（X=−8.5，Y=0）处，确定切割起点如图 2-12 所示，具体操作步骤如下：

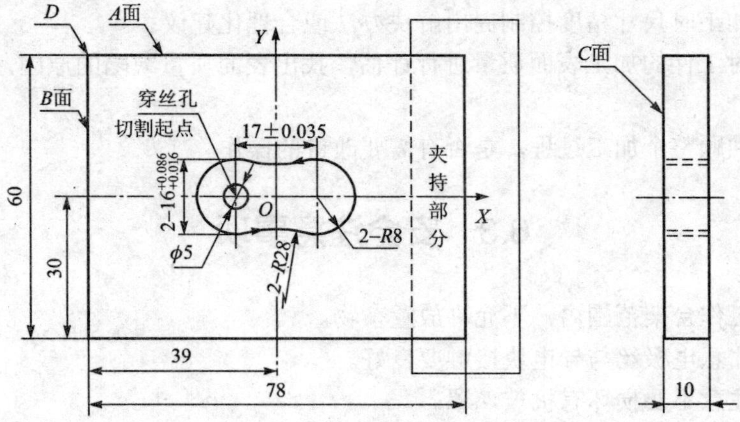

图 2-12　起点位置的确定

① 用相对坐标，通过火花法或接触感知法使钼丝与 A 面接触，把 Y 坐标设“0”；再使钼丝与 B 面接触，把 X 坐标设“0”。这时 D 点的坐标就为（0，0）。

② 把钼丝移动到 D 点处，然后把钼丝拆下。

③ 用坐标移动法输入：X=30.5+0.09（0.09 为钼丝半径）Y=−（30+0.09）（0.09 为钼丝半径），按确认按钮后钼丝就会移动到切割起点处。

④ 进行穿丝，移动 X、Y 轴坐标至切割起始位置，操作完毕。

（8）启动机床加工，根据加工要求调整加工参数。

（9）监控机床运行状态，如发现工作液循环系统堵塞应及时疏通，及时清理电蚀产物，但是在整个切割过程中，均不宜变动进给控制按钮。

（10）加工完毕，卸下工件并进行检测。

（11）清理机床并打扫车间卫生。

6.2.5　检查

在切割工件的过程中，要注意以下几项内容检查：

（1）工件正式加工前，必须再次仔细检查程序及补偿值是否正确，确保工件正确加工。

（2）加工过程中，注意检查工作液大小是否合适，一般为上方喷嘴工作液能包住钼丝，下方喷嘴工作液能喷到工件底面。

（3）加工过程中，注意工作液是否堵塞，以及及时补充工作液。

6.2.6　评估

完成工件的切割加工后，我们可从以下几方面评估整个加工过程，达到不断优化的目的。

（1）对工件尺寸精度进行评估，找出尺寸超差是机床因素还是测量因素，为工件后续加工时尺寸精度控制提出解决办法或合理化建议。

（2）对工件的加工表面质量进行评估，找出表面质量缺陷的原因，提出解决方法。

（3）回顾整个加工过程，是否有需要改进的操作。

6.3 安全注意事项

（1）工作台架范围内，不允许放置杂物。

（2）注意电极丝与导电块接触要良好。

（3）注意不要损坏有机玻璃罩。

（4）合理配制工作液，以提高加工效率及表面质量，注意及时补充工作液。

（5）切割时，注意控制喷嘴流量不要过大，以防飞溅。

（6）摇柄使用后应立即取下，避免人身事故的发生。

（7）工作液箱中过滤网应每月清洗一次。

（8）Z 轴调整：大行程时，需先抽去丝。

（9）对于加工质量要求高的工件，在进行正式切割前，最好进行试切。试切的材料应该为拟切工件的材料，经过试切可以确定加工时的各种参数。

（10）装夹工件不许使用加力杆，加工时工件不受宏观切削力，不需要太大的夹紧力，因此把工件夹紧便可。

（11）装夹工件应充分考虑装夹部位和穿丝进刀位置，保证切割路径通畅。

（12）切割时要随时观察运行情况，排除事故隐患。

（13）工作过程中，如发生故障，应立即切断电源，请专门维修人员处理。

（14）严禁超重或超行程加工。

（15）下班前关闭所有电源开关，并清扫机床及实训车间，关闭照明灯及风扇方可离开。

学生工作任务及思考

1. 学生工作任务

应用数控线切割机床加工如图 2-13 所示工件，材料为 A3 冷轧板，厚度为 5 mm，电极丝为 $\phi 0.18$ 的钼丝，单边放电间隙为 0.01 mm。试制定其线切割加工工艺、写出加工程序并加工。

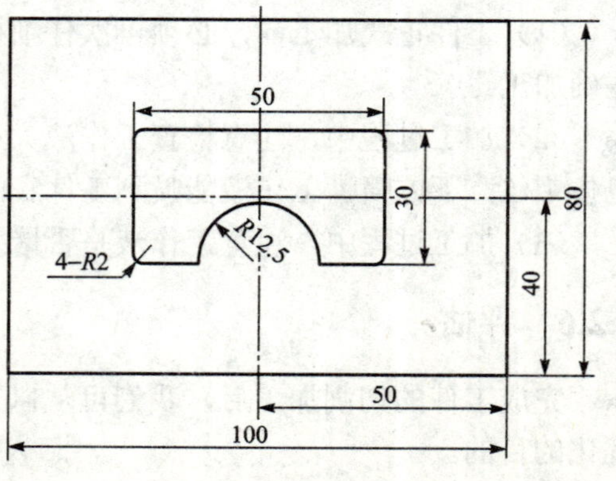

图 2-13

2. 思考

（1）穿丝孔有何作用，穿丝孔过大或过小会产生什么后果？

（2）可以切割大锥度的零件吗？

（3）加工过程中断丝怎么办？

学习情境 7

模板多型腔孔的线切割加工

1. 学习目标

（1）掌握线切割跳步加工的编程方法。

（2）熟练掌握工件的装夹、找正、电极丝精确定位方法。

（3）提高线切割加工操作技能。

（4）养成良好的工作态度，建构严谨的团队协作能力，培养良好的职业道德和社会责任心。

2. 案例工作任务

应用快走丝数控线切割机床完成如图 2-14 所示零件两个型腔的线切割加工（本次不加工 4 个圆孔）。

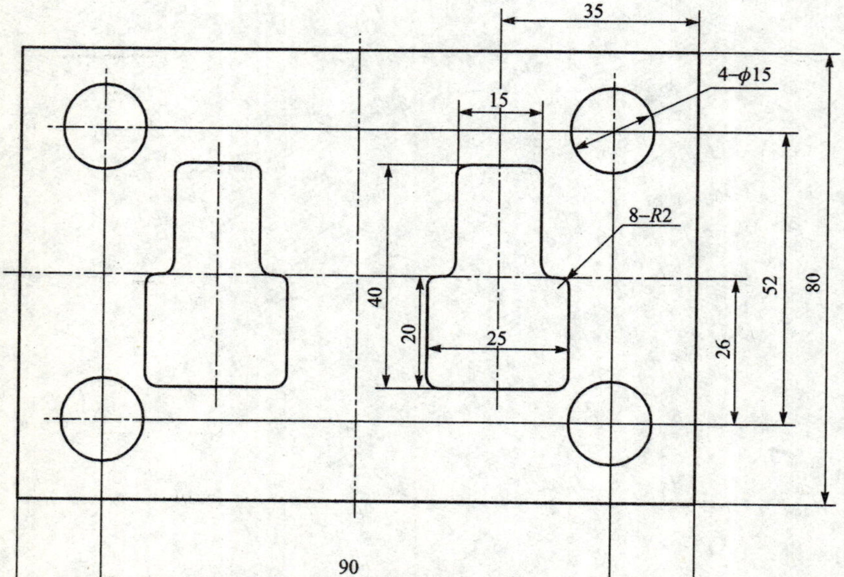

图 2-14　齿轮

3. 项目描述

该工作任务为加工该模板零件两个型腔（本次不加工 4 个圆孔）。通过该零件的加工使学生熟练掌握穿丝、拆丝、跳步加工等基本操作及编程方法。

7.1 知识准备

1. 文件调用编程方法（以陕西汉川机床厂生产的 DK7732A 型数控电火花线切割机床为例，采用手工编程）

文件调用编程指令：

M96（主程序调用文件程序）

格式：M96 文件名（“文件名”后加一圆点）。

M97（主程序调用文件程序结束）

例 2-2　文件调用编程。

1）主程序（程序名 A00）（图 2-15）

```
G90
G54
G92X0Y0
G00X10000Y10000
M00
G54
M96D:B01.
G54
M00
G00X50000Y20000
G54
M00
M96D:B02.
G54
M00
G00X70000Y-13000
G54
M00
M96D:B03.
M97
M02
```

2）子程序（1）（程序名 B01）（图 2-16）

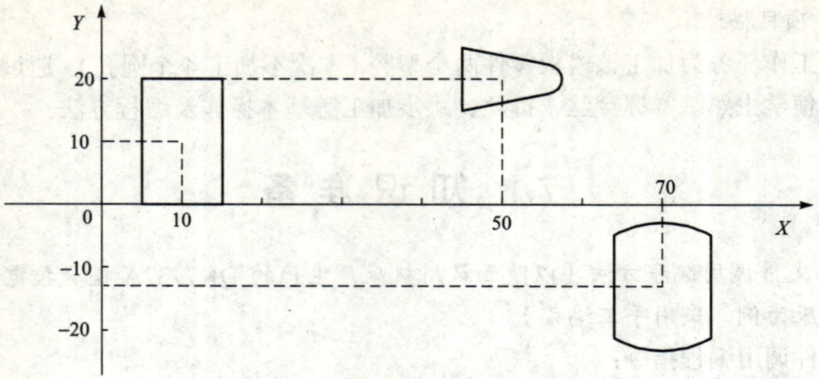

图 2-15　跳步模加工

```
G55
G92X0Y0
G01X-5000Y0
G01X-5000Y10000
G01X5000Y10000
G01X5000Y-10000
G01X-5000Y-10000
G01X-5000Y0
G01X0Y0
M02
```

3）子程序（2）（程序名 B02）（图 2-17）

```
G55
G92X0Y0
G01X-5000Y0
G01X-5000Y-5000
G01X5590Y-2429
G03X7500Y0I-590J2429
G03X5590Y2429I-2500J0
G01X-5000Y5000
G01X-5000Y0
G01X0Y0
M02
```

4）子程序（3）（程序名 B03）（图 2-18）

```
G55
G92X0Y0
```

```
G01X6000Y0
G01X6000Y-4500
G02X-6000Y-4500I-6000J4500
G01X-6000Y4500
G02X6000Y4500I6000J-4500
G01X6000Y0
G01X0Y0
M02
```

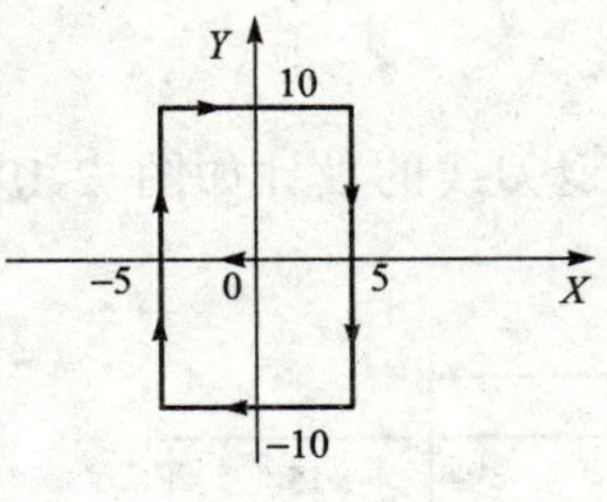

图 2-16　子程序（1）

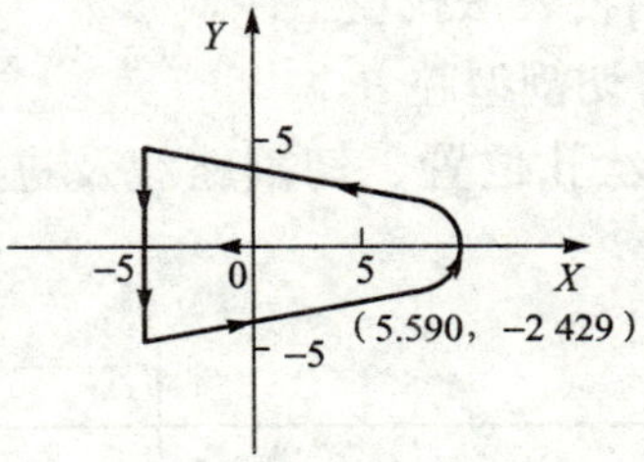

图 2-17　子程序（2）

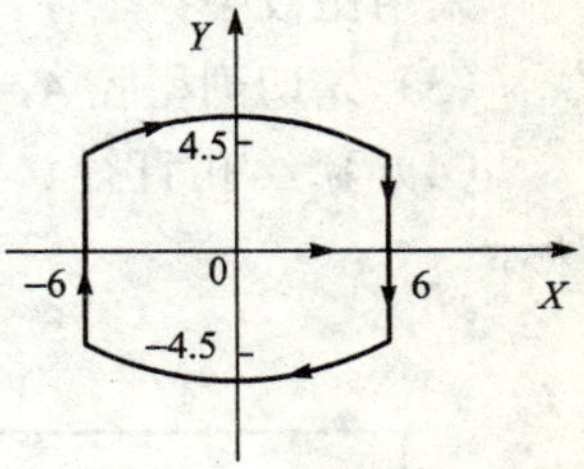

图 2-18　子程序（3）

说明：① G90 为绝对坐标系，G54 先取坐标系 0。

② 在文件调用指令 M96 中必须在文件名后加一个小圆点。

③ M00 为暂停，程序运行时停按回车键可继续执行。

2. 跳步加工编程方法（以江苏新火花机床厂生产的 DK7732 型数控线切割加工机床为例，采用自动编程）

3. 电极丝运动起点位置的确定

线切割加工之前，须将电极丝定位在一个相对工件基准的确切点上，作为切割的起始坐标点，这就要对电极丝进行定位，一般采用以下 3 种方法对电极丝进行定位。

（1）火花法；

（2）接触感知法；

（3）自动找正法。

7.2　实训操作过程

应用“六步”工作程序来完成该项工作任务。

7.2.1　资讯——我们要做什么？引导出问题

应用快走丝数控线切割机床完成如图 2-13 所示零件的线切割加工。

所用设备为陕西汉川机床厂生产的 DK7732A 型数控电火花线切割机床或江苏新火花机床厂生产的 DK7732 型数控线切割加工机床。材料为 10 mm 厚的碳钢板，毛坯为尺寸 120 mm×80 mm×10 mm，两大平面已磨削加工。

7.2.2 决策——确定实施办法和所需材料

（1）电极丝的选择：

电极丝采用ϕ0.18 mm 的钼丝，单边放电间隙为 0.01 mm。

（2）夹具及工件装夹方式的选择及工件找正方法：

采用压板装夹工件，用校表法找正工件。

（3）先切割型腔 *A*，再切割型腔 *B*。

（4）穿丝孔直径、穿丝孔位置、切割路线及进、退刀线的设计如图 2-19 所示。

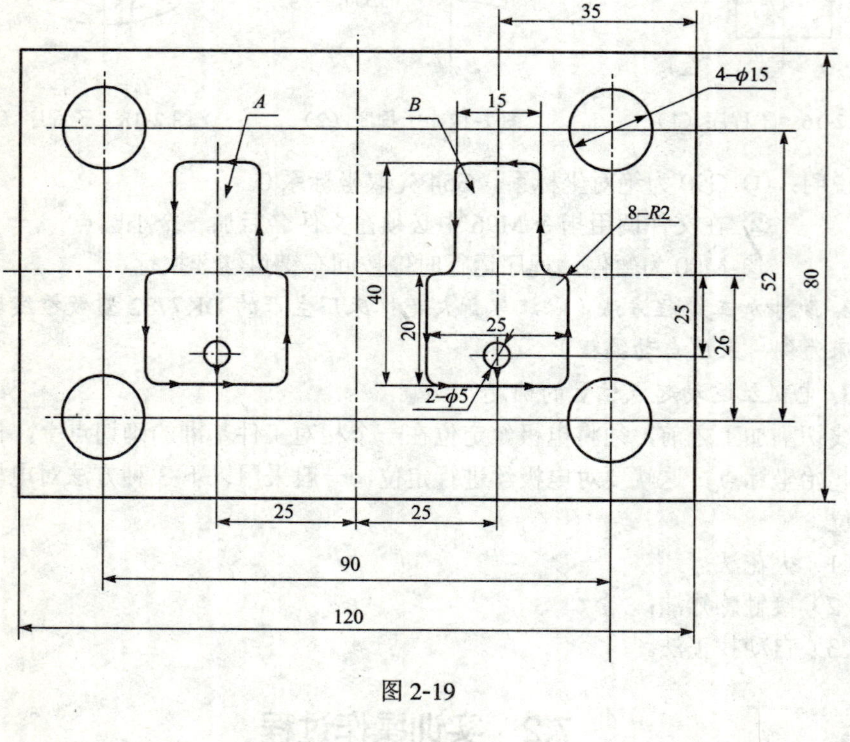

图 2-19

7.2.3 计划——考虑如何去完成？

（1）加工前需进行上丝、穿丝及钼丝垂直找正。

（2）工件装夹后需进行找正。

（3）电极丝补偿的确定：

由于采用ϕ0.18 mm 的钼丝，加工单边间隙取 0.01 mm，丝半径补偿量为 0.1 mm。

（4）电参数选择如下：

高频脉冲宽度（ON）为 50 μs，高频脉冲停歇（OFF）为 200 μs，高频功率管数（IP）为 3，伺服速度（SV）为 2，停歇时间扩展（MA）为 10。

（5）参考加工程序（略），采用自动编程。

7.2.4　实施——具体实施操作步骤

按照以下 15 个步骤完成本工作任务。

（1）开机：启动机床电源进入系统。

（2）检查系统各部分是否正常，包括高频、水泵、丝筒等的运行情况。

（3）装夹并找正工件。

（4）上丝、穿丝。

（5）电极丝垂直找正。

（6）编制、输入、检查、校验程序。

（7）对电极丝进行精确定位。

（8）移动 *X*、*Y* 轴坐标至型腔 *A* 的切割起点处（穿丝孔处，注意移动的坐标值），在实际操作时先把钼丝拆下，然后移动工件，把钼丝从型腔 *A* 的穿丝孔中穿过，注意钼丝不能碰到孔壁。

（9）启动机床切割型腔 *A*，并根据加工要求调整加工参数。

（10）型腔 *A* 切割完毕，机床暂停，把钼丝拆下。

（11）通过跳步移动至型腔 *B* 的切割起点处（穿丝孔处，注意移动的坐标值），再把钼丝从穿丝孔中穿过，注意不能使用自动找中心功能。

（12）启动机床切割型腔 *B*，并根据加工要求调整加工参数。

（13）加工过程中监控机床运行状态，如发现工作液循环系统堵塞应及时疏通，及时清理电蚀产物，但是在整个切割过程中，均不宜变动进给控制按钮。

（14）加工完毕，卸下工件并进行检测。

（15）清理机床并打扫车间卫生。

7.2.5　检查

在切割工件过程中，要注意以下几项内容检查：

（1）工件正式加工前，必须再次仔细检查程序及补偿值是否正确，确保工件正确加工。

（2）加工过程中，注意检查工作液大小是否合适，一般为上方喷嘴工作液能包住钼丝，下方喷嘴工作液能喷到工件底面。

（3）加工过程中，注意工作液是否堵塞，以及及时补充工作液。

7.2.6 评估

完成工件的切割加工后，我们可从以下几方面评估整个加工过程，达到不断优化的目的。

（1）对工件尺寸精度进行评估，找出尺寸超差是机床因素还是测量因素，为工件后续加工时尺寸精度控制提出解决办法或合理化建议。

（2）对工件的加工表面质量进行评估，找出表面质量缺陷的原因，提出解决方法。

（3）回顾整个加工过程，是否有需要改进的操作。

7.3 安全操作注意事项

（1）工作台架范围内，不允许放置杂物。

（2）注意电极丝与导电块接触要良好。

（3）注意不要损坏有机玻璃罩。

（4）合理配制工作液，以提高加工效率及表面质量，注意及时补充工作液。

（5）切割时，注意控制喷嘴流量不要过大，以防飞溅。

（6）摇柄使用后应立即取下，避免人身事故的发生。

（7）工作液箱中过滤网应每月清洗一次。

（8）Z 轴调整：大行程时，需先抽去丝。

（9）对于加工质量要求高的工件，在进行正式切割前，最好进行试切。试切的材料应该为拟切工件的材料，经过试切可以确定加工时的各种参数。

（10）装夹工件不许使用加力杆，加工时工件不受宏观切削力，不需要太大的夹紧力，因此把工件夹紧便可。

（11）装夹工件应充分考虑装夹部位和穿丝进刀位置，保证切割路径通畅。

（12）切割时要随时观察运行情况，排除事故隐患。

（13）工作过程中，如发生故障，应立即切断电源，请专门维修人员处理。

（14）严禁超重或超行程加工。

（15）下班前关闭所有电源开关，并清扫机床及实训车间，关闭照明灯及风扇方可离开。

学生工作任务及思考

1. 学生工作任务

应用数控线切割机床加工如图 2-20 所示零件的 4 个圆孔，材料为 Cr12，厚度为 5 mm，电极丝为ϕ0.18 的钼丝，单边放电间隙为 0.01 mm。

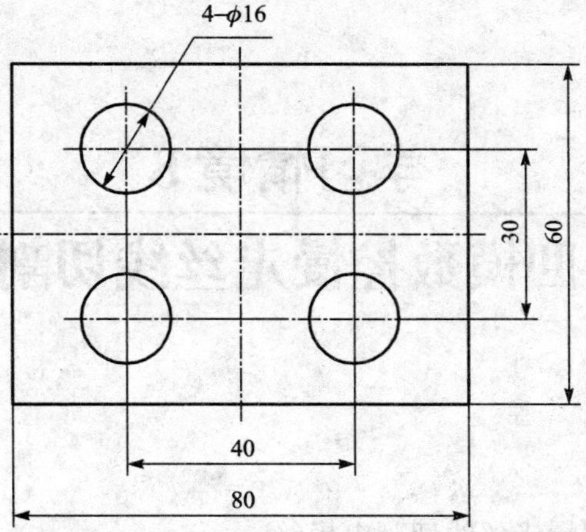

图 2-20

2. 思考

（1）不采用跳步加工可以加工此类型零件吗？

（2）能加工超行程工件吗？

学习情境 8

凸、凹模数控慢走丝线切割加工

1. 学习目标

（1）能正确选用慢走丝线切割电极丝。

（2）能够正确地进行穿丝孔的加工。

（3）会选择线切割加工时的电参数及非电参数。

（4）能独立完成走丝线切割机床自动穿丝操作。

（5）能正确制定凸、凹模零件的加工工艺。

（6）会使用打表法对工件进行装夹及找正。

（7）能熟练操作线切割机床加工凸、凹模零件并掌握加工零件精度的控制方法。

（8）能进行紧丝操作及正确处理断丝情况。

（9）会处理线切割加工中出现的各种常见故障。

（10）能正确分析产品质量及影响产品质量的原因。

2. 案例工作任务

本工作任务是应用慢走丝数控线切割机床完成如图 2-21 所示的凹模零件和图 2-22 所示的凸模零件的线切割加工。

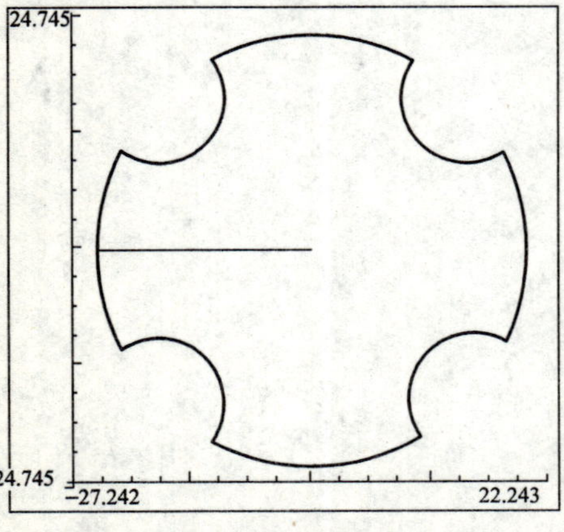

图 2-21 凹模零件图

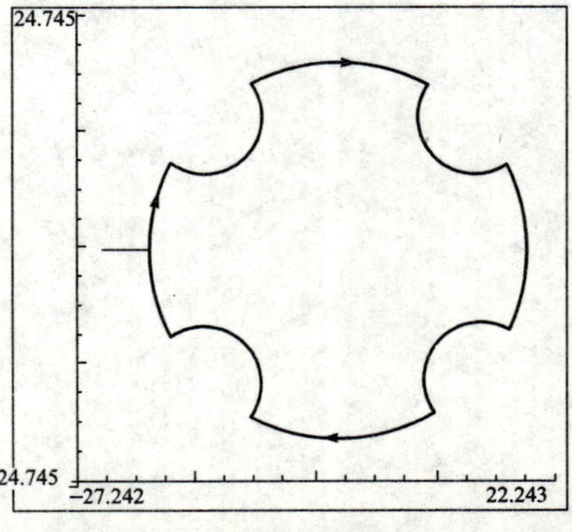

图 2-22 凸模零件图

3. 任务描述

在冲裁模具制造中，经常要用数控线切割机床进行凸模零件的线切割加工。该工作任务为加工冲裁模具中的一个凸模和一个凹模零件，通过凸、凹模零件的线切割加工使学生掌握模具凸、凹模零件的加工操作方法及注意事项，熟练掌握慢走丝数控线切割机床加工凸、凹模类零件的操作方法。

8.1 相关知识准备

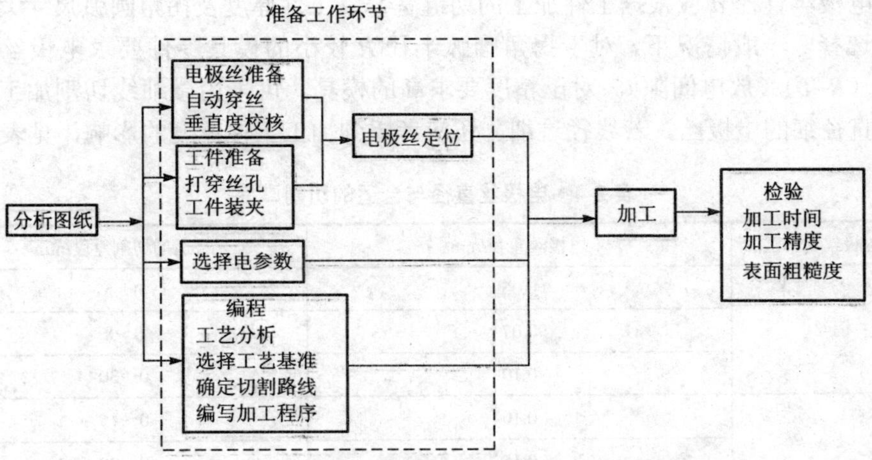

图 2-23　慢走丝数控电火花线切割加工的步骤

下面按照线切割加工的步骤（图 2-23）讲解相关知识。

8.1.1 分析图纸

主要分析零件的凹角和尖角是否符合线切割加工的工艺条件，零件的加工精度、表面粗糙度是否在线切割加工所能达到的经济精度范围内。

8.1.2 准备工作环节

主要包括电极丝准备、工件准备、选择电参数和编程。

1. 电极丝准备

1）电极丝材料与直径的选择

电极丝的选择主要考虑如下几方面的因素：材料、强度、尺寸精度、长度、表面质量、防氧化。

电极丝应具有良好的导电性和抗电蚀性，抗拉强度高。常用的电极丝有钨丝、钼丝、黄铜丝等。钨丝抗拉强度高，直径在 0.03～0.1 mm，一般用于各种窄缝的精加工。钼丝抗拉强度高，直径在 0.08～0.2 mm，适于快走丝加工。

黄铜丝抗拉强度差、损耗大，直径在 0.1～0.3 mm，一般用于慢走丝电火花线切割加工，加工表面粗糙度和平直度较好，蚀屑附着少。此外，慢走丝线切割还可以使用铜丝、黄铜加铝、黄铜加锌、黄铜镀锌等。对于精密电火花线切割加工，应在不断丝的前提下尽可能提高电极丝的张力，也可采用钼丝或钨丝。

目前，国产电极丝的丝径规格有 0.10 mm、0.15 mm、0.20 mm、0.25 mm、0.30 mm、0.33 mm、0.35 mm 等，丝径误差一般在±2 μm 以内。国外生产的电极丝，丝径最小可达 0.03 mm，甚至 0.01～0.003 mm，用于完成清角和窄缝的精密微细电火花线切割加工等。

电极丝直径 d 应根据工件加工的切缝宽窄、工件厚度及拐角圆弧尺寸大小等方面选择。一般情况下，对于拐角圆弧半径 R 较小的模具零件要求电极丝直径 $d \leqslant 2(R-\delta)$（放电间隙）。对于精度要求高的模具，可采用微细线切割加工，即选择直径细的电极丝。若线径过细，还应考虑到加工工件厚度的影响，见表 2-4。

表 2-4 电极丝直径与合适的切割厚度

电极丝材料	电极丝直径/mm	合适的切割厚度/mm
钨丝	0.05	0～5
	0.07	0～8
	0.10	0～30
黄铜丝	0.10	0～15
	0.15	0～30
	0.20	0～80
	0.25	0～100

2）自动穿丝

绝大部分的慢走丝数控电火花线切割机床都具备自动穿丝功能。

3）电极丝垂直度校核

有以下情况之一时，需要校正电极丝垂直度：

（1）电火花线切割机床运行一段时间后；

（2）一般在加工 50～100 h 后，更换导轮或其轴承；

（3）改变引电块的位置或更换引电块；

（4）切割锥度工件后等。

校正时使用一个各平面相互平行或垂直的长方体，称为垂直度校正器，如图 2-24 所示。

垂直度校正器操作过程：

（1）关闭机床高频电源，使电极丝处于静止状态；

（2）分别将被加工工件表面、电极丝或导电块的表面及校正器底面擦净，把工件固定在工作台夹具体上；

（3）将校正器吸附在工件上，电线插头插入校正器的插座，鳄鱼夹夹在电极丝或导电块上；

（4）工作台沿着 *X* 轴（或 *Y* 轴）方向移动，使校正器与电极丝轻轻接触，如果只有上或下灯亮，说明电极丝与被加工工件之间不垂直，应调整导轮位置，直至上、下灯同时亮，该方向即达到电极丝与被加工工件之间的垂直度要求。若要精确调整垂直度，可反复检测、调整，直至上、下灯同时亮。

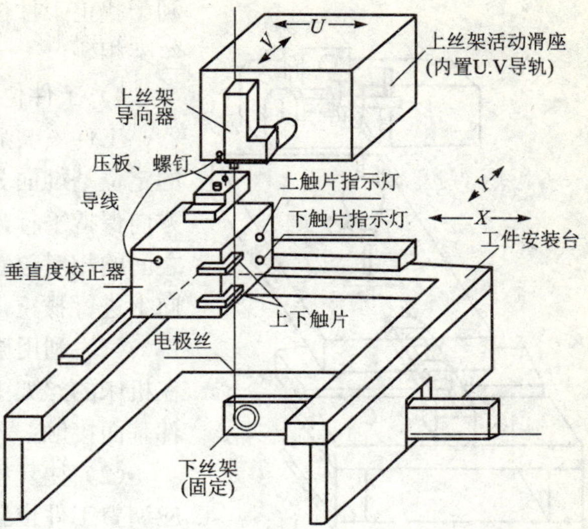

图 2-24　垂直度校正器

2. 工件准备

1）穿丝孔直径与位置的确定

穿丝孔直径大小应适当，一般为$\phi 2 \sim \phi 8$ mm。如果穿丝孔直径过小，既增加钻孔难度又不方便穿丝；若孔径太大，则会增加钳工工作量。

穿丝孔既是电极丝相对于零件运动的起点，也是线切割程序执行的起点（或称为程序“零点”），一般应选择在工件的基准点处。

对于凸模类零件，通常选在坯件内部外形附近预制穿丝孔，且切割时运动轨迹与坯件边缘距离应大于 5 mm。

切割凹模（或孔腔）类零件时，穿丝孔的位置一般可选在待切割型孔（腔）的边角处，以缩短无用轨迹，并力求使之最短。

若切割圆形孔类零件，可将穿丝孔位置选在型孔中心，这样便于编程与操作加工。

穿丝孔应在零件淬硬之前加工好，且加工后应清除孔中铁屑、杂质。

2）穿丝孔的加工

在实际生产加工中，为防止工件毛坯内部的残余应力变形及放电产生的热应力变形，不管是加工凹模类封闭形工件，还是凸模类工件，都应首先在合适位置加工好一定直径的穿丝孔进行封闭式切割，避免开放式切割。若工件已在快走丝电火花线切割机床上进行过粗切割，在慢走丝电火花线切割机床上进一步加工时，不打穿丝孔。

3）工件装夹

安装工件时，必须保证工件的切割部位位于工作台的工作行程范围内，并有

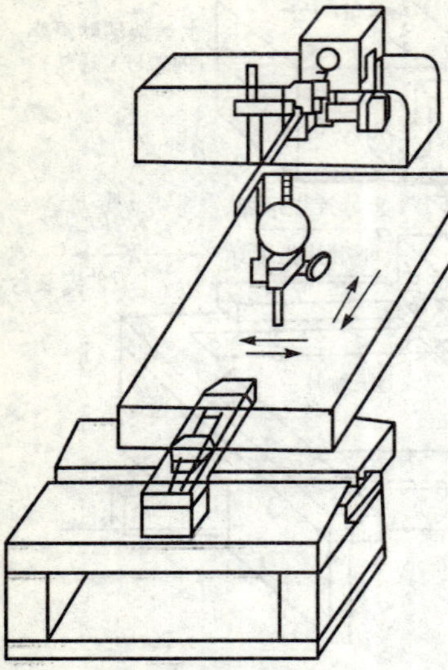

图 2-25 校表法

利于找正工件位置。工作台移动时，工件不得与丝架相碰。

4）工件位置的找正方法

工件安装后，还必须进行找正，方能使工件的定位基准面分别与坐标工作台面及 *X*、*Y* 进给方向保持平行，从而保证切割出的表面与基准面之间的相对位置精度。常用校表法在 3 个坐标方向上进行找正，如图 2-25 所示。

（1）利用磁力表座，将百分表或千分表固定在机床的丝架上或其他固定部位，使测量头与工件基面接触；

（2）往复移动工作台，按表中指示的数值相应调整工件位置，直至指针的偏转值在定位精度所允许的范围之内；

（3）注意多操作几遍，力求位置准确，将误差控制到最小。

5）电极丝定位

在线切割前，应确定线切割电极丝相对工件基准面或基准孔的坐标位置。电极丝定位有如下 3 种方法。

（1）目测法。

对加工要求较低的工件，在确定电极丝与工件有关基准线或基准面相互位置时，可直接利用目测或借助于 2～8 倍的放大镜来进行观察。

图 2-26 所示为通过观察基准面来确定电极丝位置。当电极丝与工件基准面初接触时，记下相应床鞍的坐标值。电极丝中心与基准面重合的坐标值，则是记录值减去电极丝半径值。

图 2-27 所示为通过观测基准线来确定电极丝位置。利用穿丝孔处画出的十字基准线，观测电极丝和十字基准线的相对位置，移动床鞍，使电极丝中心分别与纵、横方向基准线重合，此时的坐标值就是电极丝的中心位置。

（2）火花法。

火花法是利用电极丝与工件在一定间隙时发生火花放电来确定电极丝的坐标位置（图 2-28）。移动拖板使电极丝逼近工件的基准面，待开始出现火花时，记下拖板的相应坐标值来推算电极丝中心坐标值。此法简便、易行。但因电极丝运转易抖动而会出现误差；放电也会使工件的基准面受到损伤；此外，电极丝逐渐逼近基准面时，开始产生脉冲放电的距离，往往并非正常加工条件下电极丝与工件间的放电距离。

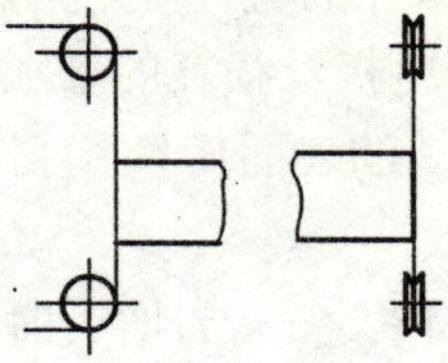

图 2-26　观测基准面找正电极丝位置

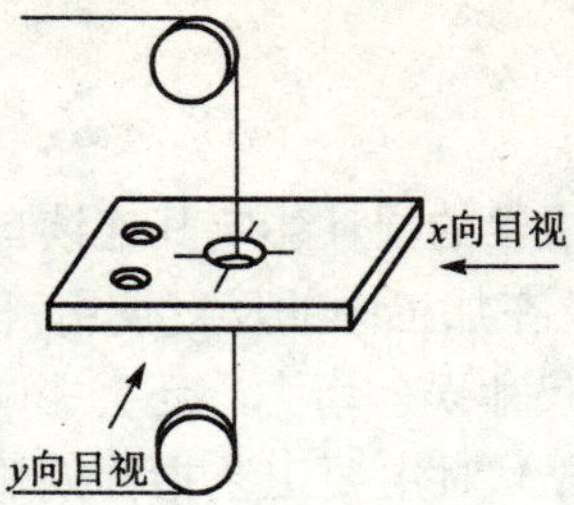

图 2-27　观测基准线找正电极丝位置

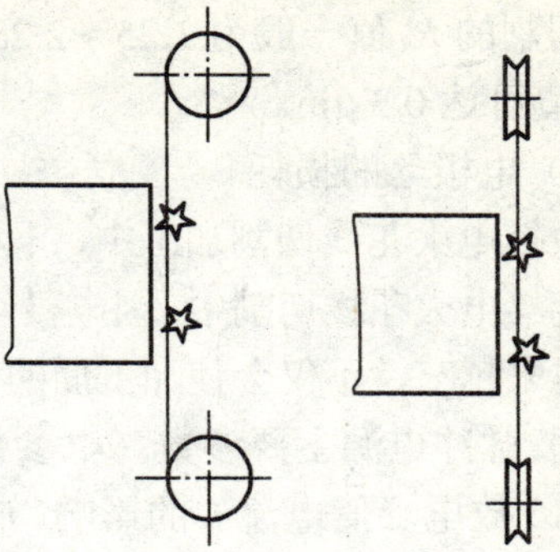

图 2-28　火花法找正电极丝位置

（3）自动找中心。

自动找中心是为了让电极丝在工件的孔中心定位。其具体方法为：移动横向床鞍，使电极丝与孔壁相接触，记下坐标值 x_1；反向移动床鞍至另一通点，记下相应坐标值 x_2；将拖板移至两者绝对值之和的一半处，即（$|x_1|+|x_2|$）/2 的坐标位置。同理也可得到 y_1 和 y_2。则基准孔中心与电极丝中心相重合的坐标值为［（$|x_1|+|x_2|$）/2 和（$|y_1|+|y_2|$）/2］，如图 2-29 所示。

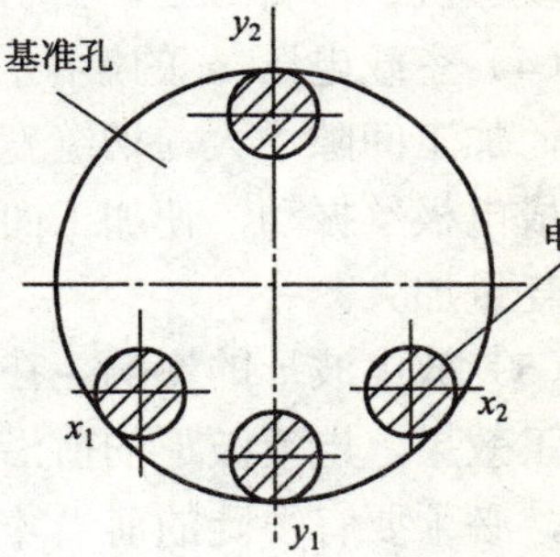

图 2-29　找中心

3. 选择电参数

进行线切割加工前，还要完成的一项重要工作是：选择电参数。

数控电火花线切割加工主要工艺指标如下。

1）切割速度 v_{wi}

切割速度亦称为加工速度，是指在保持一定表面粗糙度的切割加工过程中，单位时间内电极中心线在工件上切过的面积总和，单位为 mm^2/min。切割速度是反映加工效率的一项重要指标，数值上等于电极丝中心线沿图形加工轨迹的进给速度乘以工件厚度。通常快走丝线切割速度为 40～80 mm^2/min，慢走丝线切割速度可达 350 mm^2/min。

2）切割加工精度

线切割加工后，工件的尺寸精度、形状精度（如直线度、平面度、圆度等）和位置精度（如平行度、垂直度、倾斜度等）称为切割精度。快走丝线切割精度可达 0.01 mm，一般为±（0.015～0.02）mm；慢走丝线切割精度可达±0.001 mm。

3）表面粗糙度

线切割加工中的工件表面粗糙度通常用轮廓算术平均值偏差 R_a 值表示。快走

丝线切割的 R_a 值一般为 1.25～2.25 μm，最低可达 0.63～1.25 μm；慢走丝线切割的 R_a 值可达 0.3 μm。

4）电极丝的损耗

数控电火花线切割加工中，电极丝的损耗影响其连续自动操作的进行。尤其是在快走丝电火花线切割中，因电极丝在加工中的反复使用，随着电极丝损耗的增加，切缝越来越窄，不仅会使加工面的尺寸误差增大，还会影响加工的表面质量。

5）脉冲电源主要参数（电参数）对主要工艺指标的影响

（1）放电峰值电流 i_e 的影响。i_e 是决定单脉冲能量的主要因素之一。i_e 增大时，线切割加工速度提高，但表面粗糙度变差，电极丝损耗比加大甚至断丝。

（2）脉冲宽度 t_i 的影响。t_i 主要影响加工速度和表面粗糙度。加大 t_i 可提高加工速度，但表面粗糙度变差。

（3）脉冲间隔 t_o 的影响。t_o 直接影响平均电流。t_o 减小时，平均电流增大，切割速度加快；但 t_o 过小，会引起电弧和断丝。

（4）空载电压 u_i 的影响。该值会引起放电峰值电流和电加工间隙的改变。u_i 提高，加工间隙增大，切缝宽，排屑变容易，提高了切割速度和加工稳定性，但易造成电极丝振动，使加工面形状精度和粗糙度变差。通常 u_i 的提高还会使电极丝损耗量加大。

（5）放电波形的影响。在相同的工艺条件下，高频分组脉冲常常能获得较好的加工效果。电流波形的前沿上升比较缓慢时，电极丝损耗较少。不过当脉冲很窄时，必须要有很陡的前沿才能进行有效的加工。

4. 编程

1）工艺分析

凹角和尖角的尺寸分析

电极丝具有一定的直径 d，加工时又有放电间隙 δ，使线电极丝中心的运动轨迹与加工面相距 ι，即 $\iota = d/2+\delta$，如图 2-30 所示。因此，加工凸模类零件时，电极丝中心轨迹应放大；加工凹模类零件时，电极丝中心轨迹应缩小，如图 2-31 所示。

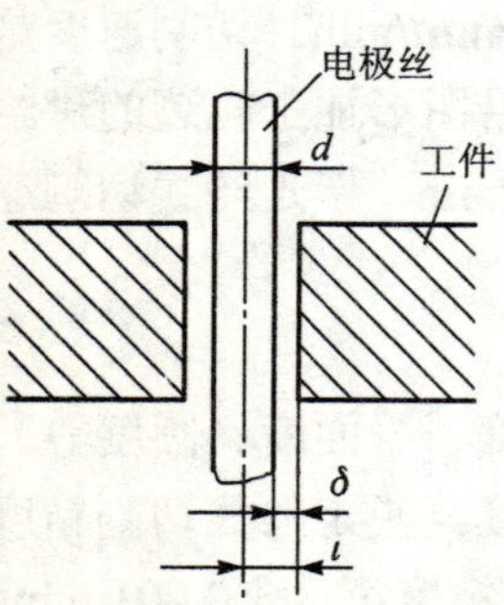

图 2-30 电极丝与工件加工面的位置关系

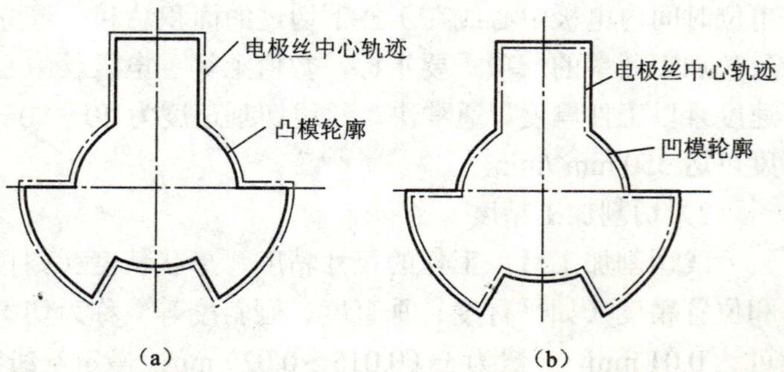

图 2-31 电极丝中心轨迹的偏移

（a）加工凸模类零件；（b）加工凹模类零件

在线切割加工时，在工件的凹角处不能得到“清角”，而是圆角。对于形状复杂的精密冲模，在凸、凹模设计图样上应说明拐角处的过渡圆弧半径 R。同一副模具的凹、凸模中，R 值要符合下列条件，才能保证加工的实现和模具的正确配合。

对凹角

$$R_1 \geqslant \iota = d/2+\delta$$

对尖角

$$R_2 = R_1 - \Delta$$

式中，R_1 为凹角圆弧半径；R_2 为尖角圆弧半径；Δ为凹、凸模的配合间隙。

表面粗糙度及加工精度分析如下。

电火花线切割加工表面和机械加工表面不同，它是由无方向性的无数小坑和硬凸边所组成，特别有利于保存润滑油；而机械加工表面则存在着切削或磨削刀痕，具有方向性。两者相比，在相同的表面粗糙度和有润滑油的情况下，其表面润滑油性能和耐磨损性能均比机械加工表面好。所以，在确定加工表面粗糙度 R_a 值时要考虑到此项因素。

合理确定线切割加工表面粗糙度 R_a 值是很重要的。因为 R_a 值的大小对线切割速度 v_{wi} 影响很大，R_a 值降低一个档次将使线切割速度 v_{wi} 大幅度下降。所以，要检查零件图样上是否有过高的表面粗糙度要求。此外，线切割的加工所能达到的表面粗糙度 R_a 值是有限的，譬如欲达到优于 $R_a = 0.32$ μm 的要求还较困难，因此，若不是特殊需要，零件上标注的 R_a 值尽可能不要太小，否则，对生产率的影响很大。

同样，也要分析零件图上的加工精度是否在数控线切割机床加工精度所能达到的范围内，根据加工精度要求的高低来合理确定线切割加工的有关工艺参数。

2）选择工艺基准

为提高线切割生产效率和保证模具加工质量，应根据零件的外形特征和加工要求，选择合适的工艺基准，即校正基准和加工基准，且尽量使工艺基准与设计基准保持一致。常可采用以下两种方法：

（1）以零件外形同时作为校正基准与加工基准。对于一些外形为矩形的零件（如矩形冲头），通常可选择两个相互垂直且垂直于上、下平面的正交平面，既作为校正基准又作为加工基准。

（2）以零件外形作为校正基准，内孔作为加工基准。对于一些有孔（腔）的矩形、圆形或其他异形的零件，一般可选择与上、下两平面垂直的平面作为校正面（或校正线），以内孔（腔）作为加工基准。

大多数情况下，零件的外形基准面在线切割加工前的机械加工中已准备好，在淬硬后，若基准面变形很小，那么稍加打光即可；若变形较大，则应重新修磨基准面。在线切割之前还应进行消磁处理。

3）确定切割路线

线切割编程中，切割起始点和切割路线的合理与否，将直接影响工件变形的大小，并影响加工精度。为了防止模具零件的变形与裂纹，提高加工质量，应慎重选择切割路线。

（1）线切割的起始点应选择在较平坦、易精加工或对工件性能影响较小的部位。

（2）尽量避免从工件端面直接开始切割，对于一些精度要求高的模具零件，电极丝不可从坯件外部切入，而应将切割起始点选在坯件预制的穿丝孔中。

（3）切割路线应与工件的外边缘（端面或侧面）保持一定的距离，要求不小于 5 mm。

（4）尽可能将工件与其夹持部分的最后割离线段，安排在切割路线的末端。

（5）若在一块坯件上要切出两个以上零件时，应从不同的预制孔（穿丝孔）起始切割加工，而不宜一次连续切割出来。

（6）当切割高精度型孔（腔）类凹模零件时，可采用二次切割法，即第一次粗切割型孔，各边留余量 0.1～0.5 mm，以补偿粗切割后由于内应力重新分布而产生的变形；第二次精切割，以减少变形，提高加工精度。

此外，对于一些形状复杂、壁厚、截面变化大的大型模具零件，宜采用多次切割法。通常，对所要求的尺寸单边留 2～3 mm 余量进行粗切割，待工件释放较多变形后，再单边留 0.05～0.10 mm 余量进行半精加工，最后精加工至要求尺寸。这是提高模具零件线切割加工精度行之有效的方法。

4）编写加工程序（表 2-5、表 2-6）

表 2-5　ONA AE 300 编程指令汇总

指　令	含　义	指　令	含　义
ABS	绝对坐标	CORNER CORR	设置角度调整
ANGLE	设定角度增量	DIELECTRIC	设定介电常数值
AWF	自动送丝	EDGE	工件接触
CHAF<n>	设置倒角长度	END	程序结束
CHAF OFF	取消倒角	ENDREP	循环结束
COMP<n>	设置补偿	FEED	设定进给速度
COMP LEFT	左补偿	FINISH	设定精加工
COMP OFF	取消补偿	GOSUB	调用子程序
COMP RIGHT	右补偿	GOTO	跳转标记
CONST ANGLE	恒角锥度	IF	跳转条件（用在 GOSUB 或 GOTO 之前）
CONST RAD	恒半径锥度	INCH	英寸
CONTACT TOL	设置放电间隙	INCR	增量
COOR	设置新的工件坐标系原点	INICUT	初始模式

续表

指　令	含　义	指　令	含　义
INNER CENTER	内角	PROGRAM	调用外部程序
INTC–	顺时针圆弧插补	REP	循环开始
INTC+	逆时针圆弧插补	ROT ORIGIN	设置旋转中心
INTL	直线插补	ROTATE	旋转
INVERS	设置对立面	ROUND<n>	设置导圆半径
LOAD COMP	加载一个电极丝半径补偿文件	ROUND OFF	取消导圆
LOAD OFFSET	加载一个偏置文件	RTS	由子程序跳转
LOAD TECH	加载一个技术文件	SCALE	比例缩放
LOAD TRAV	加载一个穿丝点文件	SERVO	设置伺服参数
MEMO OFFSET	记录当前偏置点位置	SHARP ANGLE	尖角锥度
MEMO TRAV	记录当前穿丝点位置	STOP	程序停止
METR	米制	TAPER<n>	设置锥角
MIDDLE	工件中点	TAPER LEFT	左锥度
MORROR OFF	取消镜像功能	TAPER OFF	取消锥度
MORROR ON	镜像功能	TAPER RIGHT	右锥度
NOUSE/	不使用可选模块	TECH	选择技术参数
OFFSET	建立偏置	TOFF	设定停顿
ORIGIN RET	返回起点	TRAV	移动
OUT	激活出口点	USE/	使用可选模块
P<n>	计数器模式下加工	VECTOR	向量
PAUSE<n>	停顿	VERT	调整电极丝垂直度
PAUSE IN	等待输入	VOLT	设定紧丝参数
POWER	设置电源参数	WIRE CUT	切丝
PRINT	日志	WIRE FEED	设定送丝速度
PROGNAME	注明程序名称	WIRE TEN	设定电极丝紧丝参数

表 2-6　ISO G 代码与 ONA AE 300 编程代码类比

G 代码	ONA AE 300 编程代码	格　式
G00	TRAV	X<n> Y<n> U<n> V<n> Z<n>
G00	TRAV	P<n>
G01	INTL	X<n>Y<n>U<n>V<n>F<n>D<n>T<n>E<n>C<n> X<n>Y<n>U<n>V<n>FEED<n>COMP<n>TAPER<n>ROUND<n>CHAF<n>
G02	INTC–	X<n>Y<n>I<n>J<n>U<n>V<n>K<n>L<n>F<n>D<n>T<n>E<n>C<n> X<n>Y<n>CX<n>CY<n>U<n>V<n>CU<n>CV<n> FEED<n>COMP<n>TAPER<n>ROUND<n>CHAF<n>

续表

G代码	ONA AE 300 编程代码	格　式
G03	INTC+	X<n>Y<n>I<n>J<n>U<n>V<n>K<n>L<n>F<n>D<n>T<n>E<n>C<n> X<n>Y<n>CX<n>CY<n>U<n>V<n>CU<n>CV<n> FEED<n>COMP<n>TAPER<n>ROUND<n>CHAF<n>
G04	PAUSE	X<n> <n>
G40	COMP OFF	
G41	COMP LEFT	
G42	COMP RIGHT	
G70	INCH	
G71	METR	
G90	ABS	
G91	INCR	
G92	COOR	X<n>Y<n>U<n>V<n>H<n>Q<n> X<n>Y<n>U<n>V<n>THICK<n>PRGP<n>
M00	STOP	
M02	END	

8.2 应用“六步”工作程序来完成该项工作任务

8.2.1 资讯——我们要做什么？引导出问题

应用慢走丝数控电火花线切割机床完成如图 2-21 和图 2-22 所示凹模和凸模的线切割加工（加工轮廓，两个穿丝孔本次不加工）。

8.2.2 决策——确定实施办法和所需材料

材料为 25 mm 厚的 45 号钢板，毛坯为 100 mm×100 mm×30 mm 的长方体，两大平面已经过磨削。

1. 机床选用

西班牙 ONA AE300 慢走丝数控电火花线切割机床。

2. 电极丝的选择

使用的电极丝是黄铜丝（图 2-32、表 2-7），它具有如下优点：

（1）采用优质铜材。保证电极丝具有优良的导电性、抗断性，切割速度快，断丝少。

图 2-32　黄铜丝

（2）精度高，真圆度、直线度优。保证自动穿丝成功率，适合高效率加工及精密加工。

（3）光洁度高、铜粉少。电极丝光洁平整的表面可以减少断丝、积铜和鼓形，适合精密加工。

（4）性能稳定可靠。先进的热处理设备和技术保证了电极丝的强度及材料的均匀性，适合长期稳定的加工。

表 2-7　黄铜丝规格与性能

质别	线径/mm	线径公差/mm	耐张力/N	抗拉强度/MPa	延伸率/%	备注长度/（m/kg）
硬	0.10	+0 −0.002	7.8	≥980	≤3	13 120
	0.15		17.3			6 250
	0.20		31.4			3 062
	0.25		49.2			2 310
	0.30		70.7			1 600
	0.33		85.5			1 350
软	0.20	+0 −0.002	14.1	≤550	≥20	3 062
	0.25		22.1			2 310
	0.30		31.8			1 600

选用黄铜丝为电极丝，电极丝线径为 0.15 mm，单边放电间隙取 0.01 mm。

3. 夹具及工件装夹方式的选择

采用桥式夹具（图 2-33）。桥式支撑是在双端夹具体下垫上两个支撑铁架。其特点是通用性强、装夹方便，对大、中、小工件装夹都比较方便。

图 2-33　桥式夹具

4. 切割路线及进、退刀线的设计

凸、凹模零件的切割路线及进、退刀线的设计如图 2-34 所示，采用顺时针切割。

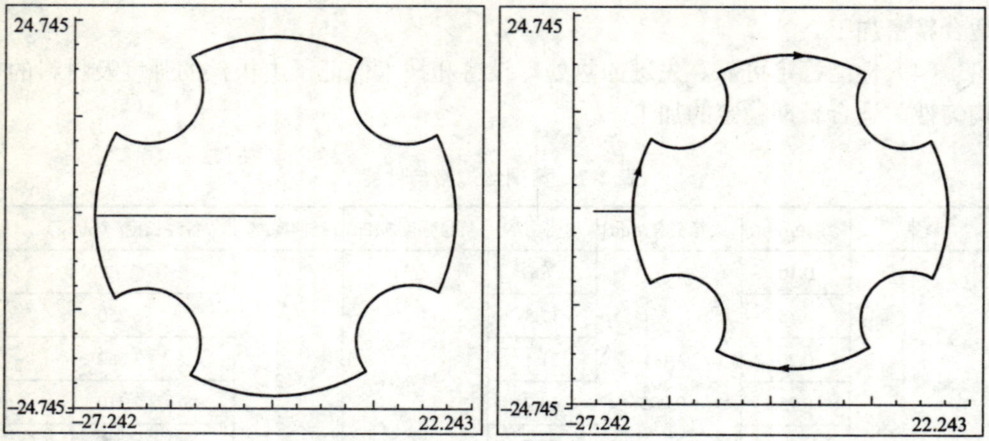

图 2-34 切割起点及切割路线设置

5. 工件原点设定

工件原点设定如图 14 所示。

6. 量具

外径千分尺、R 规。

7. 电参数选择

高频脉冲宽度（ON）为 50 μs，高频脉冲停歇（OFF）为 200 μs，高频功率管数（IP）为 3，伺服速度（SV）为 2，停歇时间扩展（MA）为 10。

8.2.3 计划——考虑如何去完成？

（1）加工前需进行上丝、穿丝及电极丝垂直找正。

（2）电极丝补偿的确定：采用ϕ0.15 mm 的黄铜丝，加工单边间隙取 0.01 mm，丝半径补偿量为 0.1 mm。

（3）编程：采用机床自带的自动编程软件进行编程，其参考程序如下：

凹模主程序

```
PROGNAME  die
COOR  X0  Y0
COMP  RIGHT
PROGRAM  geo
INTL  X0
COMP  OFF
END
```

凸模主程序

```
PROGNAME  punch
COOR  X-25  Y0
COMP  LEFT
PROGRAM  geo
INTL  X-25
COMP  OFF
END
```

子程序（几何轮廓）

```
PROGNAME    geo
INTL   X-20
INCR
INTC- X2.3    Y9.311    CX20
INTC+ X8.389    Y8.389    CX3.558    CY4.831
INTC- X18.622    CX9.311    CY-17.700
INTC+ X8.389    Y-3.389    CX4.831    CY-3.558
INTC- Y-18.622    CX-17.700    CY-9.311
INTC+ X-8.389    Y-8.389    CX3.558    CY-4.831
INTC- X-18.622    CX-9.311    CY17.700
INTC+ X-8.389    Y8.389    CX-4.831    CY3.558
INTC- X-2.3    Y9.311    CX17.700    CY9.311
ABS
END
```

（4）领取和检查毛坯材料，检查工作所需的工件、夹具、量具及劳保用品。

（5）工作场地的准备工作：检查车间工作场地的附属设施，检查选用机器设备并查看使用记录，检查机器设备是否运转良好。

8.2.4　实施——具体实施操作步骤

按照以下 8 个步骤完成本工作任务。

（1）开机：启动机床电源进入系统。

（2）检查系统各部分是否正常，包括高频、水泵、丝筒等的运行情况。

（3）准备：

① 查看机械零点是否已找到（*X*；*Y*；*U*；*Z*）；

② 通过手动控制查看电极丝是否垂直（灯亮表示垂直）；

③ 手动操作；

④ 在 JOG 模式下移动+*X*、+*Y*、+*Z* 方向，并且取下下头塑料喷嘴；

⑤ 夹紧并用百分表调整好工件；

⑥ 上紧下头塑料管嘴；

⑦ 调整上、下塑料管嘴，保证水压为 10 Pa（找出 Z 的绝对坐标值）；

⑧ 保存 Z 的坐标值（即偏置值）；

⑨ 自动穿丝；

⑩ 移动到 *X*、*Y* 轴的工作参考点（即工件坐标系的原点）；

⑪ 保存 *X*、*Y*、*U*、*V* 轴的偏置值；

⑫ 单击右下方保存按钮（Red Disk→即单击保存标签）。

（4）编程。

① Edit（编程主页面 F3→File→New→Write name（Geometry）（编辑几何）；

② 编辑所有的几何路线（插补）并单击保存按钮（在屏幕右下方）；

③ File→2.7 New；

④ Write name（Main Program）

-Load offset XXX.Tec

-Load Tech XXX. Comp

Offset number（0-99） （偏置代号通常为 0，取 ONA 标准）

Travers X_ Y_

Travers Z0

Setting coordinates X0 Y0 U0 ZO （将设置工件坐标系零点）

Technology Thickness_ Criterium_ （工件厚度、走刀规格次数）

Comp（Left or Right）

Comp number（1-20） （补偿代号通常为 0，取 ONA 标准）

Execute external program（Geometry）

⑤ 单击右下方保存按钮（Red Disk 位置右下方）。

（5）执行程序。

① F1 进入执行主页面；F5 进入执行子页面；导入需要执行的程序（即主程序）；

② 检查补偿代号（是 0、1 还是实际值）；

③ 检查“Detail”（细节参数）页面；

④ 关上 Z 轴上塑料挡板，合上工作箱；

⑤ 转入自动执行程序模式；

⑥ 按“Start”按钮

（6）监控机床运行状态，如发现工作液循环系统堵塞应及时疏通，及时清理电蚀产物，但是在整个切割过程中，均不宜变动进给控制按钮。

（7）加工完毕，卸下工件并进行检测。

（8）清理机床并打扫车间卫生。

8.2.5 检查——监测加工过程

在切割工件过程中，要注意以下几项内容检查：

（1）工件正式加工前，必须再次仔细检查程序及补偿值是否正确，确保工件正确加工。

（2）加工过程中，注意检查工作液大小是否合适，一般为上方喷嘴工作液能包住黄铜丝，下方喷嘴工作液能喷到工件底面。

（3）加工过程中，注意工作液是否堵塞，以及及时补充工作液。

8.2.6　评估

（1）对零件尺寸精度进行评估，找出影响零件尺寸精度的因素，并提出控制尺寸精度的办法或合理化建议。

（2）对零件的加工表面质量进行评估，找出表面质量缺陷的原因，提出解决方法。

（3）评估整个加工过程，是否有需要改进的工艺方法和操作。

（4）评估团队成员在工作过程中表现的知识技能、文明安全意识、团队协作能力等。

（5）形成文书材料的评估报告。

8.3　安全注意事项

（1）工作台架范围内，不允许放置杂物。

（2）注意电极丝与导电块接触要良好。

（3）注意不要损坏有机玻璃罩。

（4）合理配制工作液，以提高加工效率及表面质量，注意及时补充工作液。

（5）切割时，注意控制喷嘴流量不要过大，以防飞溅。

（6）摇柄使用后应立即取下，避免人身事故的发生。

（7）工作液箱中过滤网应每月清洗一次。

（8）Z 轴调整：大行程时，需先抽去丝。

（9）对于加工质量要求高的工件，在进行正式切割前，最好进行试切。试切的材料应该为拟切工件的材料，经过试切可以确定加工时的各种参数。

（10）装夹工件不许使用加力杆，线切割加工时工件不受宏观切削力，不需要太大的夹紧力，因此把工件夹紧便可。

（11）装夹工件应充分考虑装夹部位和穿丝进刀位置，保证切割路径通畅。

（12）切割时要随时观察运行情况，排除事故隐患。

（13）工作过程中，如发生故障，应立即切断电源，请专门维修人员处理。

（14）严禁超重或超行程加工。

（15）下班前关闭所有电源开关，并清扫机床及实训车间，关闭照明灯及风扇方可离开。

学生工作任务及思考

1. 学生工作任务

按照技术要求，完成如图 2-35 所示平面样板的加工，装夹位置如图 2-36 所示。

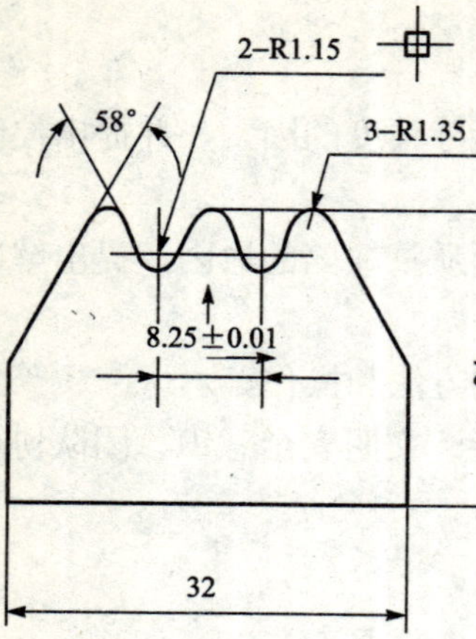

图 2-35 平面样板

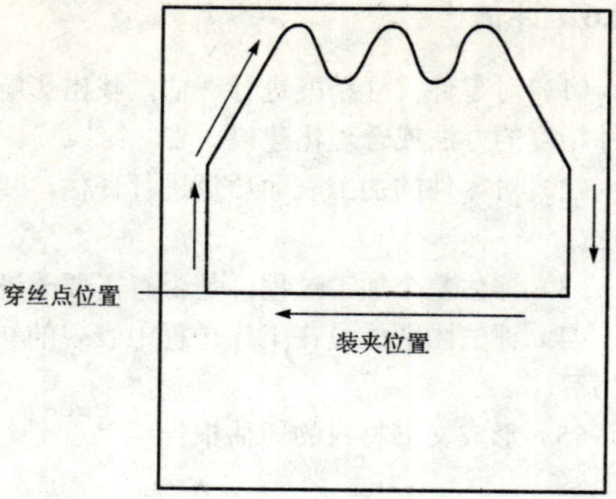

图 2-36 装夹位置

2. 思考

（1）快走丝线切割与慢走丝线切割哪个加工精度高，为什么？

（2）慢走丝数控电火花线切割加工电极丝的选择原则是什么？

（3）电火花线切割加工的主要工艺指标有哪些，影响表面粗糙度的主要因素有哪些？

（4）电火花线切割中常采取哪些措施来提高加工质量？

（5）电火花线切割加工中对工件装夹有哪些要求？

第 3 篇

数控电火花加工前必备的知识与技能

知识与技能 9

数控电火花机床的使用与维护

9.1 数控电火花加工概述及安全操作规程

9.1.1 数控电火花加工概述

一、数控电火花加工机床的加工原理

电火花加工的原理是基于工具电极和工件（正、负电极）之间脉冲性火花放电的电腐蚀现象来蚀除多余的金属，以达到对零件的尺寸、形状及表面质量预定的加工要求。

电火花加工原理如图 3-1 所示，工件 3 和电极 2 置于绝缘工作液 4（一般为煤油）中，并分别与直流电源的正、负极连接，脉冲电源 1 由限流电阻 R 和电容 C 构成，可以直接将直流电流转变成脉冲电流，当接上 100～250 V 的直流电源 E 后，通过限流电阻 R 使电容器 C 充电，于是电容器两端电压 U_c 由零按指数曲线升高，电极与工件间的电压也同时升高。当电压达到工件与电极间隙的击穿电压 U_{ic} 时，间隙被击穿而产生火花放电，电容器储存的能量瞬时在电极和工件之间放出，形成脉冲放电，如图 3-2 所示，由于放电的时间很短，且发生在放电区的小点上，所以能量高度集中，放电区的电流密度很大，温度很高（可高达 10 000 ℃以上），使金属材料发生熔化和气化。在电能、热能和流体动力的综合作用下，熔化或气化了的金属被抛入工作液中冷却而形成球状小颗粒，电极和工件的表面被腐蚀成一个小凹坑，如图 3-3（a）所示。间隙中介质的电阻是非线性的，当介质未击穿时电阻很大，击穿后它的电阻迅速减小到近似于零。因此，间隙被击穿后电容器上的能量瞬时放完，电压降低到接近于零，间隙中的介质立即恢复到绝缘状态，将间隙电流切断。此后，电容器再次充电，又重复上述过程。一次火花放电产生一个小凹坑，多次放电的结果是使工件和电极表面产生无数个小凹坑，如图 3-3（b）所示，电极不断下降，工件金属表面也不断被蚀除，电极的轮廓形状便被复制在工件上。制作出合适形状尺寸的电极丝，便可得到符合要求的加工工件。

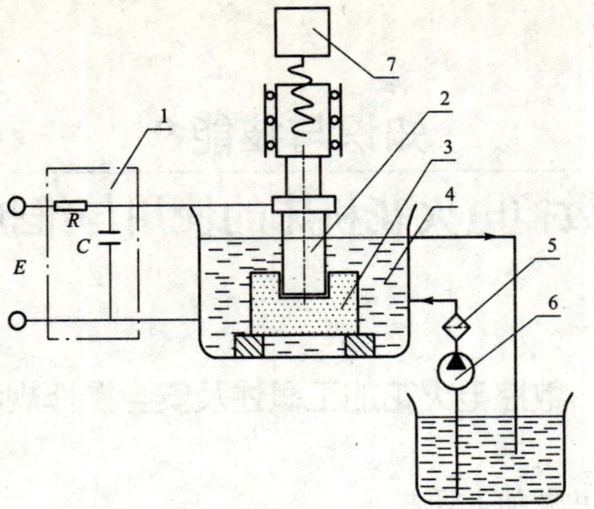

图 3-1 电火花加工原理图

1—脉冲电源；2—电极；3—工件；4—工作液；5—过滤器；

6—工作液泵；7—自动进给调节装置

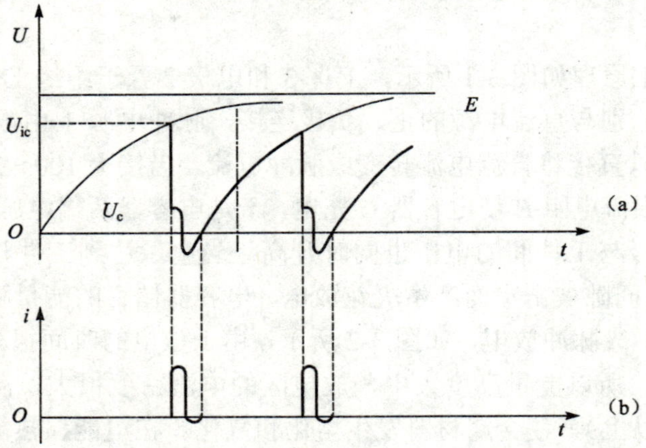

图 3-2 RC 线路脉冲波形图

（a）间隙电压波形；（b）间隙电流波形

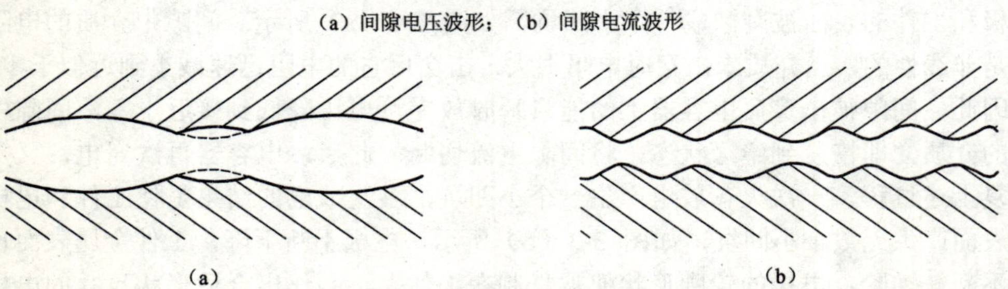

图 3-3 电火花加工表面局部放大图

（a）一次放电；（b）多次放电

实践经验表明，要把有害的火花放电转化为有用的加工技术，必须创造条件，做到以下几点。

（1）使工具电极和工件被加工面之间经常保持一定的放电间隙，这一放电间隙随加工条件而定，通常为几微米至几百微米。如果间隙过大，极间电压不能击穿极间介质，因而不会产生火花放电；如果间隙过小，很容易形成短路接触，同样也不会产生火花放电。为此，在电火花加工过程中必须具有工具电极的自动进给和调节装置。

（2）使火花放电为瞬时的脉冲性放电，并在放电延续一段时间后停歇一段时间（放电延续时间一般为 10^{-7}～10^{-3} s），这样才能使放电所产生的热量来不及传导扩散到其余部分，把每一次的放电点分别局限在很小的范围内；否则，像持续电弧放电那样，使放电点表面大量发热、熔化、烧伤，只能用于电焊或切割，而无法用作尺寸加工，故电火花加工必须采用脉冲电源。

（3）使火花放电在有一定绝缘性能的液体介质中进行，如煤油、皂化液或去离子水等。液体介质又称工作液，必须具有较高的绝缘强度（10^{-3}～10^{-7} Ω·cm），以有利于产生脉冲性的火花放电。同时，液体介质还能把电火花加工过程中产生的金属小铁屑、碳黑等电蚀产物从放电间隙中悬浮排除出去，并且对工具电极和工件表面有较好的冷却作用。

二、数控电火花加工设备的分类

（1）按控制方式分类可分为：普通数显电火花成形机床、单轴数控电火花成形机床、多轴数控电火花成形机床。

（2）按机床结构分类可分为：固定立柱式电火花成形机床、滑枕式电火花成形机床、龙门式电火花成形机床。

（3）按电极交换方式分类可分为：普通电火花成形机床、电火花加工中心。

三、电火花成形加工工艺

1. 电火花成形加工的工具电极及工作液

1）工具电极

（1）对工具电极的要求。导电性能良好、电腐蚀困难、电极损耗小、具有足够的机械强度、加工稳定、效率高、材料来源丰富、价格便宜等。

（2）工具电极的种类。常用电极材料可分为铜和石墨，一般精密小电极用铜来加工，而大的电极用石墨加工。

（3）工具电极的性能特点。铜（紫铜）电极的特点：① 精加工时电极损耗比石墨小；② 采用微精加工时，加工表面能达到 $Ra \leqslant 0.1$ μm；③ 用过的电极（指尺寸大的）经改制（如锻打）后还可以再次使用，材料利用率高。

石墨电极的特点：① 密度小，适于制作大型零件或模具加工用工具电极，整体质量小；② 机械加工性能好，易于成形及修整；③ 电加工性能好，特别是在大脉宽、粗加工时，电极损耗比紫铜小。石墨电极最大的弱点是加工时容易发生烧伤；其次，精加工时电极损耗比紫铜大。故在大脉宽、大电流、粗加工时使用石墨电极，而精密加工时大多采用紫铜电极。

2）工作液

（1）对工作液的要求：要求低黏度，高闪火点、高沸点，绝缘性好，安全，对加工工件不污染、不腐蚀，氧化安全性要好，寿命长，价格便宜。

（2）工作液的种类：常用电火花加工专用油（20 世纪 70 到 80 年代），合成型、高速型和混合型电火花加工液（20 世纪八九十年代开始），煤油。一般用煤油作为电火花加工时的工作液。

3）工作液使用要点

（1）闪点尽量高的前提下，黏度要低。电极与工件之间不易产生金属或石墨颗粒对工件表面的二次放电，这样一方面能提高表面的粗糙度，又能相对防止电极积炭率。

（2）为提高放电的均匀性、稳定性，以及加工精度、加工速度，可采用工作液混粉（硅粉、铬粉等）的工艺方法。

（3）按照工作液的使用寿命定期更换。

（4）严格控制工作液高度。

（5）根据加工要求选择冲液、抽液方式，并合理设置工作液压力。

2. 摇动加工

摇动加工又称劳伦加工或平动加工，指在单轴加工时，其他两轴进行特定轨迹合成动作的加工方式。

1）摇动加工的作用

（1）对电极与精加工的偏差进行补偿，控制加工尺寸精度；可以精确控制加工尺寸精度到 2～5 μm 级。

（2）利于排屑，利于稳定加工。

（3）修光工件的表面，提高其粗糙度指标；可以修光侧面和底面的表面粗糙度 *Ra* 到 0.8～0.2 μm 级。

（4）可以加工出清棱、清角的侧壁和底边。

（5）变全面加工为局部面积加工，有利于排屑和稳定加工。

2）摇动加工的基本要素

摇动加工有以下 3 个基本要素。

以某加工轴为基准，其他两轴进行摇动，摇动幅度（半径）为 STEP；

摇动轨迹：摇动轨迹有 5 种，包括圆形、方形、菱形、X 形和十字形。

伺服方式：伺服方式有 3 种，即自由摇动、步进摇动和锁定摇动。

3）摇动加工参数及选择方法

（1）摇动类型。摇动可分为自由摇动、步进摇动、锁定摇动 3 种类型。

（2）摇动形状。摇动形状有圆形、方形、菱形、X 形、十字形 5 种（图 3-4）。

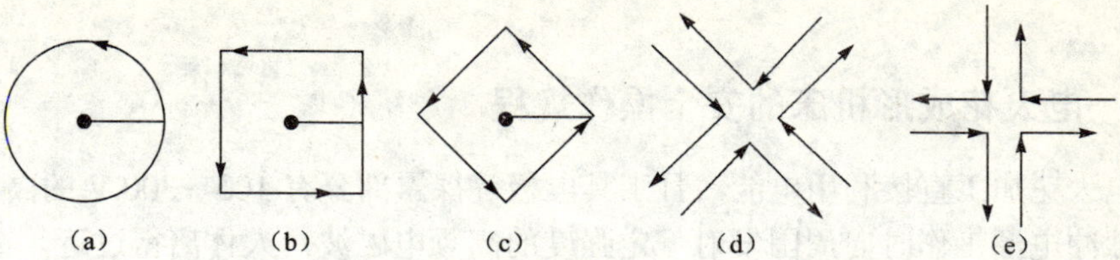

图 3-4　摇动轨迹

（3）摇动平面。摇动平面有 XY 面、YZ 面、ZX 面 3 种。

（4）象限摇动。可根据自己的需要选择相应象限的摇动形状。

（5）摇动速度。在“摇动参数”状态下单击“摇动速度”选项，系统弹出“摇动速度”值对话框。其中，第一位数值表示摇动方向，0 表示先两圈逆时针，后一圈顺时针；1 表示逆时针方向摇动；2 表示顺时针数值方向摇动。第二位数值表示摇动速度的快慢，0 为最快，9 为最慢。

（6）摇动半径。摇动半径的单位为：微米（μm）。

3. 工件毛坯准备

电火花加工前应先对工件的外形尺寸进行机械加工，使其达到一定的要求。在此基础上，做好以下准备工作。

（1）加工预孔：一般情况下每边留 0.3～1.5 mm 的余量，并力求轮廓四周均匀。

（2）工件热处理：工件的淬火硬度一般要求为 HRC58～62。

（3）磨光、除锈、去磁。

4. 工件和电极的装夹与校正定位

1）电极的装夹与校正

目的：使电极正确、牢固地装夹在机床主轴的电极夹具上，使电极轴线和机床主轴轴线一致，保证电极与工件的垂直度。

装夹方式：对于小电极，可利用电极夹具装夹；对于较大电极，可用主轴下端连接法兰上基面作为基准直接装夹；对于石墨电极，可与连接板直接固定后再装夹。

电极校正：主要是检查其垂直度。对侧面有较长直壁面的电极，可采用精密角尺和百分表校正；对于侧面没有直壁面的电极，可按电极（或固定板）的上端面作为辅助基准，用百分表检验电极上端面与工作台的平行度。

2）工件的装夹与定位

一般情况下，工件可直接装夹在垫块或工作台上。在定位时，如果工件毛坯留有较大余量，可划线后用目测法大致调整好电极与工件的相互位置，接通脉冲电源弱规准加工出一个浅印。根据浅印进一步调整工件和电极的相互位置，使周边加工余量尽量一致。加工余量少时，需借助量具（块规、百分表等）进行精确定位。

9.1.2 电火花成形机床的安全操作规程

电火花加工直接利用电能，且工具电极等裸露部分有100～300 V的高电压，高频脉冲电源工作时向周围发射一定强度的高频电磁波，人体离得过近，或受辐射时间过长，会影响人体健康；此外，电火花加工用的工作液——煤油在常温下也会蒸发，挥发出煤油蒸气，含有烷烃、芳烃、环烃和少量烯烃等有机成分，它们虽不是有毒气体，但长期大量吸入人体，也不利于健康。在煤油中长时间脉冲火花放电，煤油在瞬时局部高温下会分解出氢气、乙炔、乙烯、甲烷，还有少量一氧化碳（约0.1%）和大量油雾烟气，遇明火很容易燃烧，引起火灾，吸入人体对呼吸器官和中枢神经也有不同程度的危害，所以人体防触电等技术和安全防火非常重要。

电火花加工中的主要技术安全规程如下：

（1）电火花机床应设置专用地线，使电源箱外壳、床身及其设备可靠接地，防止电气设备绝缘损坏而发生触电。

（2）操作人员必须站在耐压20 kV以上的绝缘板上进行工作，加工过程中不可碰触电极工具，操作人员不得较长时间离开电火花机床，重要机床每班操作人员不得少于两人。

（3）经常保持机床电气设备清洁，防止受潮，以免降低绝缘强度而影响机床的正常工作。若电机、电器、电线和绝缘损坏（击穿）或绝缘性能不好（漏电）时，其外壳便会带电，如果人体与带电外壳接触，而又站在没有绝缘的地面时，轻则“麻电”，重则有生命危险。为了防止这类触电事故发生，一方面操作人员应站立在铺有绝缘垫的地面上；另一方面，电气设备外壳常采用保护措施，一旦发生绝缘击穿漏电，外壳与地短路，使保险丝熔断或空气开关跳闸，保护人体不再触电，最好采用触电保护器。

（4）添加工作介质煤油时，不得混入类似汽油之类的易燃液体，防止火花引起火灾。油箱要有足够的循环油量，使油温限制在安全范围内。

（5）加工时，工作液面要高于工件一定距离（30～100 mm），如果液面过低，加工电流较大，很容易引起火灾。为此，操作人员应经常检查工作液面是否合适。还应注意，在电火花转成点弧放电时，电弧放电局部会因温度过高，工件表面向上积炭结焦，越长越高，主轴跟着向上回退，直至在空气中放火花而引起火灾。这种情况下，液面保护装置也无法预防。为此，除非电火花机床上装有烟火自动检测和自动灭火装置，否则，操作人员不能较长时间离开。

（6）根据煤油的浑浊程度，要及时更换过滤介质，并保持油路畅通。

（7）电火花加工时间内，应有抽油雾、烟气的排风换气装置，保持室内空气良好而不被污染。

（8）机床周围严禁烟火，并应配备适用于油类的灭火器，最好配置自动灭火器。好的自动灭火器具有烟雾、火光、温度感应报警装置，并自动灭火，比较安全可靠。若发生火灾，应立即切断电源，并用四氯化碳或二氧化碳灭火器吹灭火苗，防止事故扩大化。

（9）电火花机床的电器设备应设置专人负责，其他人员不得擅自乱动。

（10）下班前应关断总电源，关好门窗。

9.2　数控电火花机床的日常维护与保养

（1）每次加工完毕后以及每天下班时，应将工作液槽的煤油放回储油箱，将工作台面擦拭干净。

（2）定期对需润滑的摩擦表面加注润滑油，防止灰尘和煤油等进入丝杆、螺母和导轨等摩擦表面。

（3）工作液过滤器在过滤阻力增大（压力降增大）或过滤效果变差时，应及时更换。

（4）避免脉冲电源中元器件受潮，在南方梅雨天气较长时间不用时，应定期人为开机加热。夏天高温季节要防止变压器、限流电阻、大功率晶体管过热，为此要加强通风冷却，并防止通风口过滤网被灰尘堵塞，应定期检查和清扫过滤网。

（5）有的油泵电动机或有些电机是立式安装工作的，电机端部冷却风扇的进风口朝上，很容易落入螺钉、螺帽或其他细小杂物，造成电机“卡壳”、“憋死”甚至损坏，因此要在此类立式安装电机的进风端盖上加装网孔更小的网罩以资保护。

学生工作任务及思考

1. 简述数控电火花成形加工的基本原理。

2. 简述电火花成形加工机床的分类方法。

3. 电火花成形机床由哪几部分组成，电火花线切割加工机床由哪几部分组成？

4. 什么是电火花加工过程中的极性效应，加工时如何正确选择加工极性？

5. 电火花成形加工的主要工艺参数有哪些？

6. 电火花加工要具备什么条件？

知识与技能 10

HCD400K 型数控电火花成形机床操作实训

（以汉川机床厂生产的 HCD400K 型数控电火花成形机床为例进行讲解）

10.1 HCD400K 型数控电火花成形机床控制面板介绍

10.1.1 数控脉冲电源柜面板

数控脉冲电源柜是完成机床操作、加工和控制的主要部分。该机床配备 MD20A-105 脉冲电源柜，是新一代的数控电火花成形机脉冲电源控制系统。该系统控制部分采用模块化结构设计，性能优良，加工稳定、可靠。该系统控制软件采用 VC++语言开发，运行速度快，加工效率高。该系统采用 Windows 界面，完全汉化的加工提示、帮助。该系统可控制四轴、任意三轴联动，可实现直线、圆弧、螺旋线插补，适应各种复杂模具零件的加工。如图 3-5 所示。

图 3-5 数控电火花成形机床照片

数控电源柜面板如图 3-6 所示。面板用于控制电源柜的各项功能的实现，它包括 3 个区域，下面为其各部分名称和功能。

1. 电源指示、启停操作区

该部分包括电压表、电流表、调速旋钮、启动按钮、停止按钮、急停按钮。其中，电压表和电流表用于分别显示脉冲电源的加工电压和加工电流。

白色按钮为启动按钮，按下后指示灯亮，控制柜接通电源开始启动。

黑色按钮为停止按钮，按下后电源柜切断电源，停止工作。

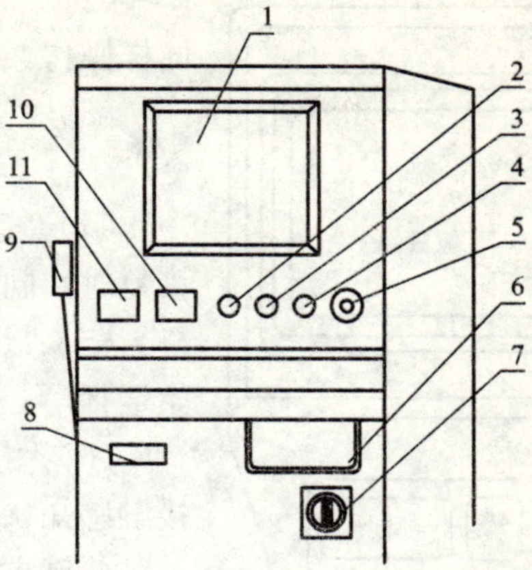

图 3-6　数控电火花成形机床操作面板图

1—显示屏；2—旋转头；3—启动按钮；4—停止按钮；5—急停按钮；6—鼠标盒；7—总开关；8—软驱口；9—手控盒；10—电压表；11—电流表

“红色蘑菇头”按钮为急停按钮，当发生意外紧急事故时，应按急停按钮关机。

灰色旋钮为旋转头附件调速旋钮，拉出时为旋转头开启状态，此时用它可以调节旋转头的旋转速度。

2. 屏幕显示区

15 in（1in= 0.025 4 m）的彩色显示器显示加工菜单及加工中的各种信息，显示器左上区指示 *X*、*Y*、*Z*、*U* 四轴坐标；显示器右上区显示当前系统时间、加工时间等；左中区为程序显示区，用于显示当前执行的程序及程序名；右中区为状态信息显示和控制区，用于显示电柜的当前状态信息，并通过对该区相应功能按钮的操作，可随时实现电柜工作状态的调整；显示器下边显示加工菜单，可使用键盘或鼠标控制系统软件进行文件操作、加工等。

3. 控制键盘、鼠标操作区

键盘用来把数值输入到系统中，操作与普通计算机相同；鼠标操作也与普通计算机系统相同。

10.1.2　手控盒操作面板

手控盒主要用于移动机床，共有四挡速度可以选择，并集中了加工操作过程中使用频率高的键。手控盒外形和面板图如图 3-7 所示。其功能和操作分别详述如下（注意，当进入主画面后，必须等待 3 s 方可进行手控盒操作；手控盒上与面板上相同键名的按键，其功能和用法相同）。

（1）“速度设置”键：按此键可选择 4 种移动速度。“点动”，1 μm，单步移动；“低速”，≥3 mm/min；“中速”，≥120 mm/min；“高速”，≥600 mm/min。

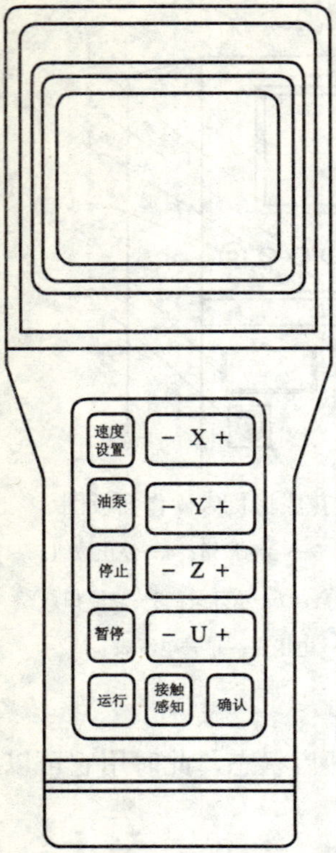

图 3-7 手控盒示意图

（2）“油泵”键：上油时，按“油泵”键；停止时，同样操作。

（3）“停止”键：按此键，终止正在执行的加工指令。

（4）“暂停”键：按此键后，暂停正在执行的指令；恢复时，同样操作。

（5）“运行”键：按下此键后，输入指令和程序开始运行，

（6）“接触感知”键：按此键，机床将在“忽略”接触感知状态下移动。

此键主要用于找正工件和电极。当使用手控盒移动机床时，电极和工件相接触后，主画面报警显示“接触感知”，先按“确认”键，进行解除；然后用忽略接触感知的方法，即一手按住“接触感知”键，一手按住方向键（与前面移动方向相反）使工件与电极脱开。如果经常用百分表找正电极，请将百分表的表头换成绝缘头的，这样就听不到报警声，也免去了一手按住“油泵接触感知”键，一手按住方向键这样的操作，同时还能免除其他部位相撞造成的损失。

注意：此时是人为地忽略接触感知的操作，必须注意输入方向并确认移动路线上无障碍物，否则有可能撞伤电极和工件或造成移动轴伺服过载故障，甚至撞坏机床。

（7）“确认”键：用于确认当前事件的真伪，同时解除当前事件。

（8）“X ＋”、“X －”、“Y ＋”、“Y －”、“Z ＋”、“Z －”、“U ＋”、“U －”键为方向移动按钮，在按下此键时，使指定轴向指定的方向移动。如按“X －”键，*X* 轴向负方向移动，主画面左上部显示的当前坐标值随轴的移动而变化，移动超过机械行程，极限开关动作，主画面显示“接触限位”信息，蜂鸣器报警。机床向反方向慢速移开限位开关，此时需等待，当坐标不再改变时，才能进行其他操作。

（9）手控盒上方为 *X*、*Y*、*Z*、*U* 轴坐标显示窗口，与面板屏幕上共同显示当前的坐标值，使操作更为方便；另外，还显示移动速度挡位，右边 4 个方块分别指示点动、低、中、高 4 档移动速度，满四格为“高速”，三格为“中速”，二格为“低速”，一格为“点动”。

10.1.3 总电源开关和其他

总电源开关在电源柜的前面，键盘下方为红色，带黄色圈。顺时针为开，逆

时针为关。

软盘驱动器位于电源柜的键盘左下方，是标准软驱。磁盘是存储数据和程序的录制媒介，使用时注意：“指示灯亮时，严禁用户抽出磁盘！”否则损坏磁盘，破坏数据。

鼠标位于电源柜的键盘右下方，配合键盘共同完成电源柜的操作。

10.1.4　系统菜单的使用和操作说明

本节主要详细介绍系统的各种功能，以便进一步掌握其使用方法和相关操作。

1. 屏幕显示介绍

系统主窗口组成如图 3-8 所示。

它包括以下 5 个区域：

（1）显示器左上区为 *X*、*Y*、*Z*、*U* 四轴的当前坐标值显示区，用以显示加工及移动的实时坐标轨迹以及绝对/相对、公制/英制的转换信息和最大加工深度。

汉川机床–电火花加工数控系统	
坐标显示窗口	加工状态窗口
程序显示窗口	系统参数窗口
命令按钮窗口	

图 3-8　系统主画面组成

（2）屏幕右上区为汉川机床有限责任公司徽标以及系统的当前时间和加工时间显示。

（3）屏幕右中部是加工状态设置调整显示区，用于加工过程中加工状态及加工参数的修改调整，其中包括：系统状态、模糊控制、摇动参数及电源参数等。通过对各种加工参数进行实时的调整，以保证最佳的加工效果。如图 3-9 所示。

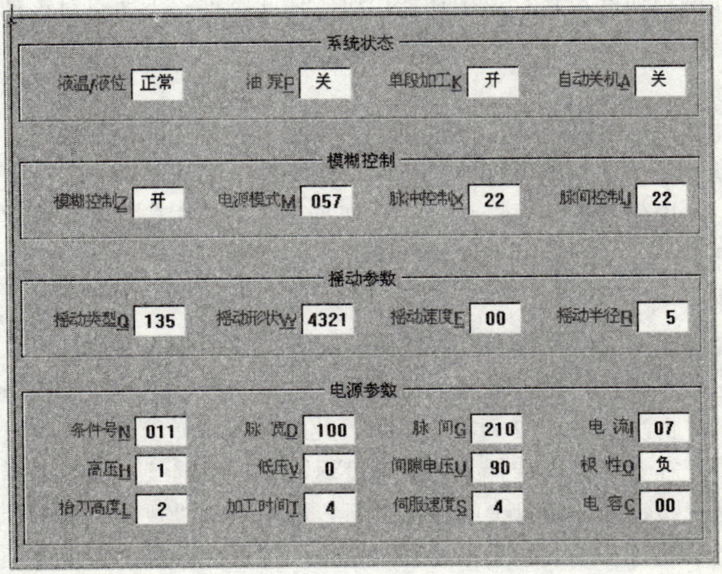

图 3-9

（4）屏幕的左中部为当前加工程序显示区，用于显示当前正在加工的程序、程序段及程序名。

（5）屏幕的下部为功能操作区，此处的所有功能菜单均与键盘上的功能键F1～F12 一一对应，按下相应的功能键，即可完成各种功能，也可用鼠标单击功能项菜单对机床进行各种操作。

2. 单位说明

（1）在进行移动、加工等操作时，对话框中的默认单位是微米（μm）。

（2）在平动加工中，选择平动半径时的默认单位是微米（μm）。

（3）在程序编制中，输入的坐标数值的默认单位是微米（μm）。当加小数点“.”时表示时单位是毫米（mm），如数值“5.”，表示为 5 mm。

3. 快捷键说明

（1）主画面中，各功能键按钮后面的字母（有下划线），即为该功能键的快捷键字母，直接按下该字母键，即执行该功能。

（2）主画面中，各功能模块下的子功能键中，也带有下划线的字母，即为该子功能键的快捷键字母，同时按下 Alt 键+该字母键，即进入该功能。

（3）用鼠标单击各功能按钮，也可实现各功能的操作。

10.1.5 功能说明

该系统软件共分为 12 大功能模块，各功能模块均与键盘功能键一一对应，操作与之对应的按键或用鼠标操作，即可执行该功能键，同理，继续用鼠标操作对应的子功能键模块即可执行该子功能模块，依此类推，下面将对该功能模块一一进行介绍。

1. 开始

本功能在“F4 坐标移动、F5 定位、F6 加工”等功能调出后，方可使用，并需对以上功能下的子功能进行赋初值，具体操作详见下述章节。

注意：在操作“F1 开始”时，一定要确认各项设定值必须正确，以防造成不必要的损坏。

2. 暂停

本功能在“加工”过程中方可使用，按下“F2 暂停”键后，可以使用手控盒控制机床进行移动，用手控盒移动机床后，若要依照原定的加工程序轨迹继续进行加工，只需再次单击“F2 暂停”即可，此时系统将弹出对话框。可以根据加工的实际需要，在对话框内选择不同的速度返回暂停点继续加工，选择后，用鼠标单击“确认”按钮或按键盘上的 Enter 键，即可解除“暂停”状态，按原轨迹返回暂停点继续进行加工。如果不返回暂停点，用鼠标单击“停止加工”按钮或按 Esc 键即可退出对话框。

3. 停止

在“坐标移动、定位、加工”等过程中，用鼠标单击该功能或按下“F3 停止”键，系统将停止上述工作过程的执行，停止在当前位置处。如在“加工”功能执行前，选择了“自动回起始点”功能，系统则自动返回起始点后停止。

如果工作过程中，使用了“F3 停止”键，使用手控盒移动了机床，那么需要继续进行原来的加工，只需使用“辅助功能”下的“断点加工”子功能即可进行。如果未使用手控盒移动机床，则直接按“F1 开始”键，即可恢复加工。

4. 坐标移动

本功能包括“移动”、“半程移动”、“极限移动”、“坐标设定”4 个子功能模块，其具体操作方法分述如下。

（1）“移动”功能如图 3-10 所示。在此对话框中，选择“移动”子功能模块，选择需要移动的坐标轴并输入相应的坐标轴的移动量，并根据需要确定是否选择“接触感知”功能。然后单击“确认”按钮或按下“F1 开始”键或 Enter 键，即可将选定轴移动到相应的目标位置处。单击“退出”按钮或按下 Esc 键，即可退出该功能模块及其对话框。

注意：选择“接触感知”功能模块后，“移动”具有接触感知功能，否则将忽略接触感知，因此，在这种忽略接触感知功能下进行移动操作时，要特别小心，确认在移动过程中没有阻挡物，以防撞坏电极和工件，造成巨大的经济损失。

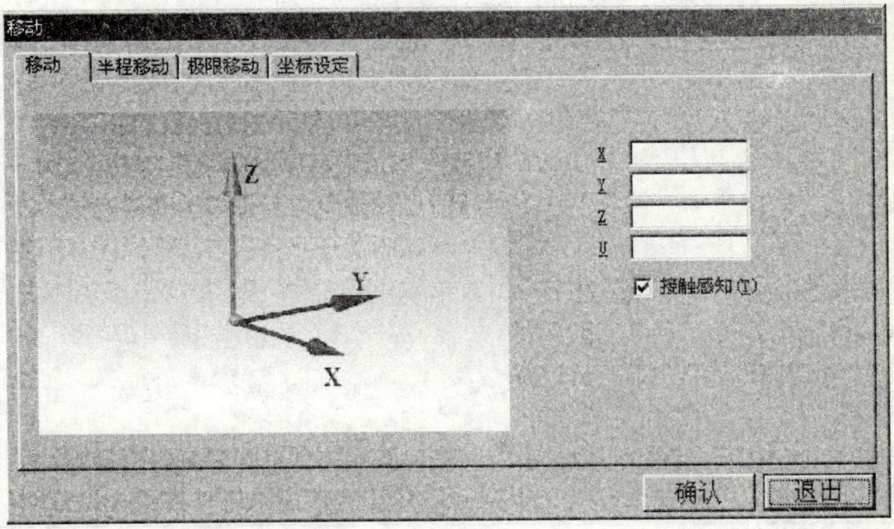

图 3-10

（2）“半程移动”子功能模块如图 3-11 所示。选择需要移动的坐标轴，并根据需要确定是否选择“接触感知”功能。然后单击“确认”按钮或“F1 开始”键，即执行“半程移动”功能，机床移动到当前坐标值的一半处后停止。

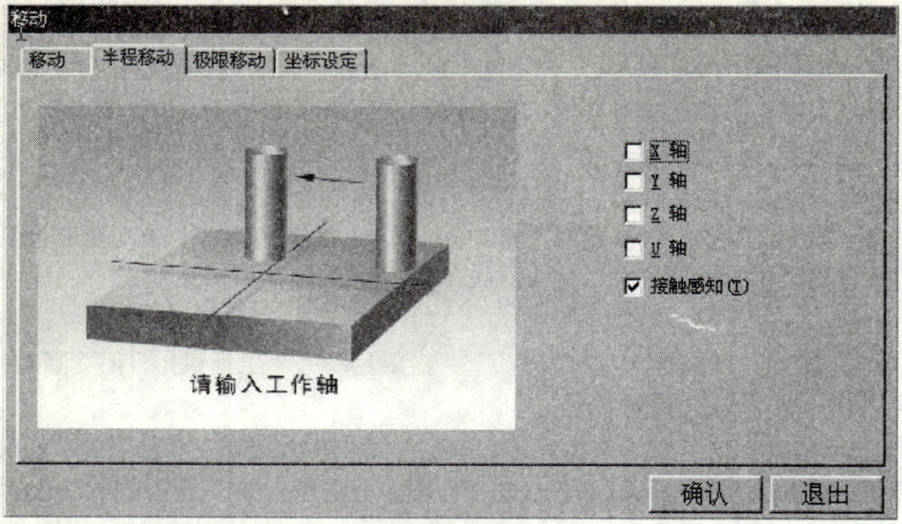

图 3-11

（3）“极限移动”子功能模块如图 3-12 所示。选择需要移动的坐标轴，并选择坐标轴的“+”、“-”的方向，然后单击“确认”按钮或“F1 开始”键，即可按照设定的移动顺序进行“极限移动”，机床移动到极限位置处，并找到机床零点后停止。

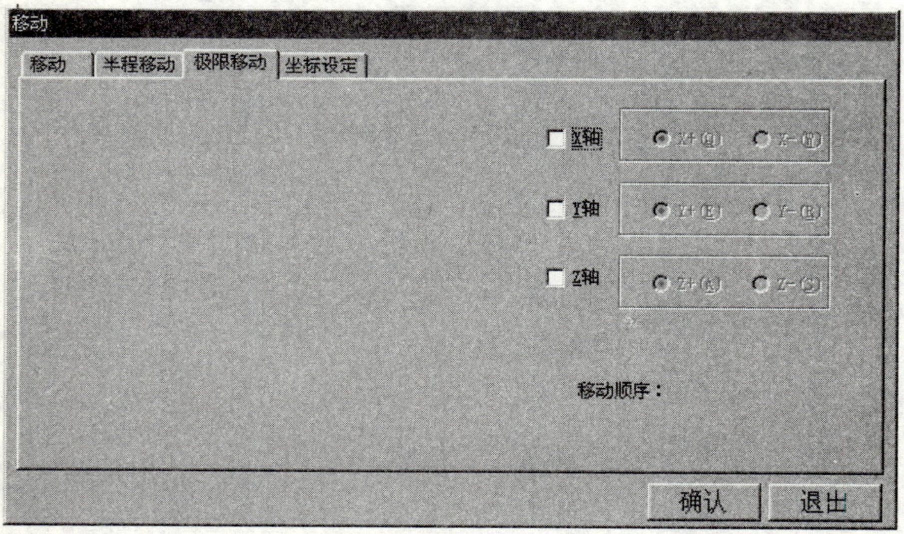

图 3-12

（4）“坐标设定”子功能模块如图 3-13 所示。选择需要设定的坐标轴，并输入相应的坐标值，单击“确认”或“F1 开始”键，即可完成坐标设定工作，并显示在各自的坐标系上，各坐标轴距机械原点的距离也随之变化。在“坐标设定”

子功能模块下，还可以进行“绝对”、“相对”、“公制”、“英制”的转换工作，并可以进行单轴或全部坐标的清零工作。

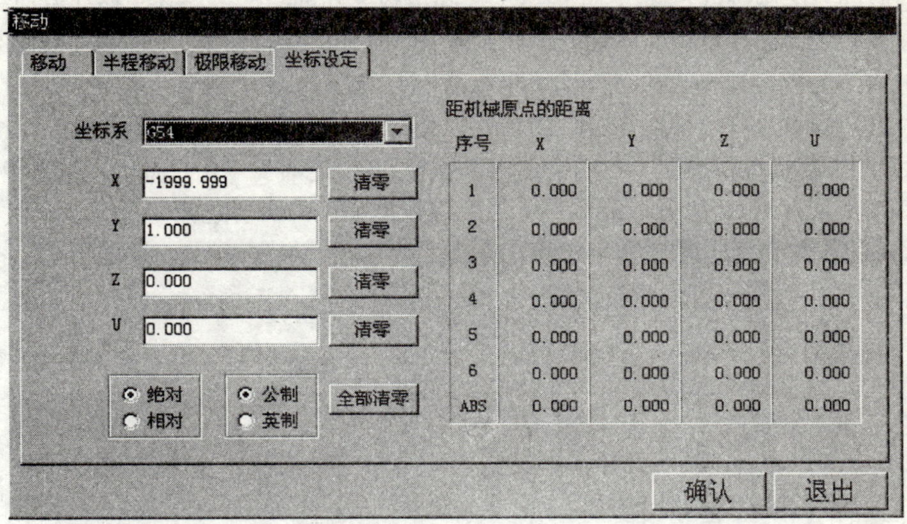

图 3-13

5. 定位

本功能包括“端面定位”、“角定位”、“柱中心定位”、“孔中心定位”、“自动三点定位”、“火花找正”等 6 个子功能模块。如图 3-14 所示，其使用操作方法分述如下。

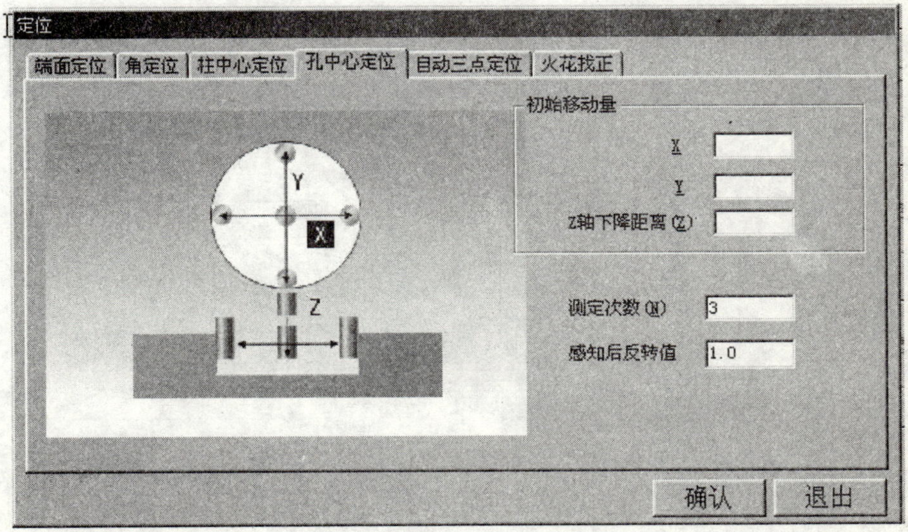

图 3-14

（1）“端面定位”子功能模块对话框如图 3-15 所示。在“端面定位”之前，用户使用手控盒，将机床移动到电极和工件的相应位置处，然后根据定位需要输入相应的“快速接近距离”，并根据工件和电极之间的对应关系在“移动方向”对话框一栏中，选择对应的移动方向；并输入“感知后反转值”，同时可以根据“端面定位”的需要选择“绝对”及“坐标清零”。然后单击“确认”按钮或“F1 开始”键，即可进行“端面定位”工作，以便寻找加工基准点。如电极和工件相距较近，“快速接近距离”一栏的数值可以不输入。“绝对”一栏，打“√”为绝对，不打“√”为相对。“坐标清零”一栏可以根据自己的需要选择。

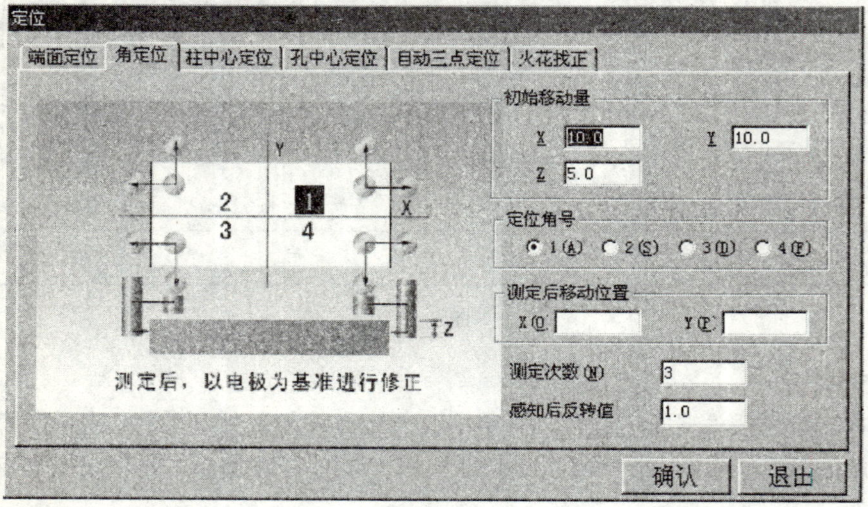

图 3-15

（2）“角定位”子功能模块对话框如图 3-16 所示。

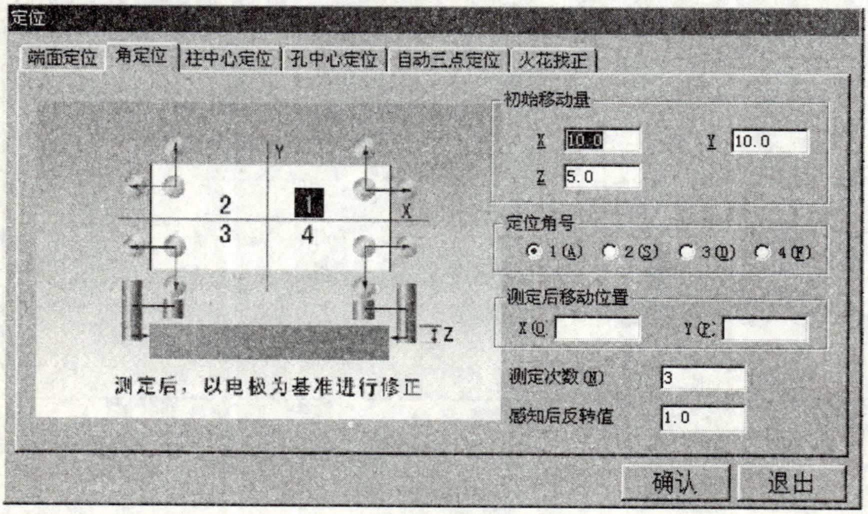

图 3-16

在角定位之前，先用手控盒将机床移动到电极和工件的相应位置处，然后根据定位需要选择“定位角号”，并输入以下变量：① 初始移动量；② 测定后移动位置；③ 测定次数；④ 感知后反转值。然后单击“确认”按钮或“F1 开始”键，即可进行“角定位”。

其中“定位角号”的 1、2、3、4 分别对应第一至第四象限工件的各个角。“测定后移动位置”的输入值，决定角定位后电极所停的位置，如输入值为零，电极将停在工件上两邻边的交点处。

（3）“柱中心定位”子功能模块对话框如图 3-17 所示。

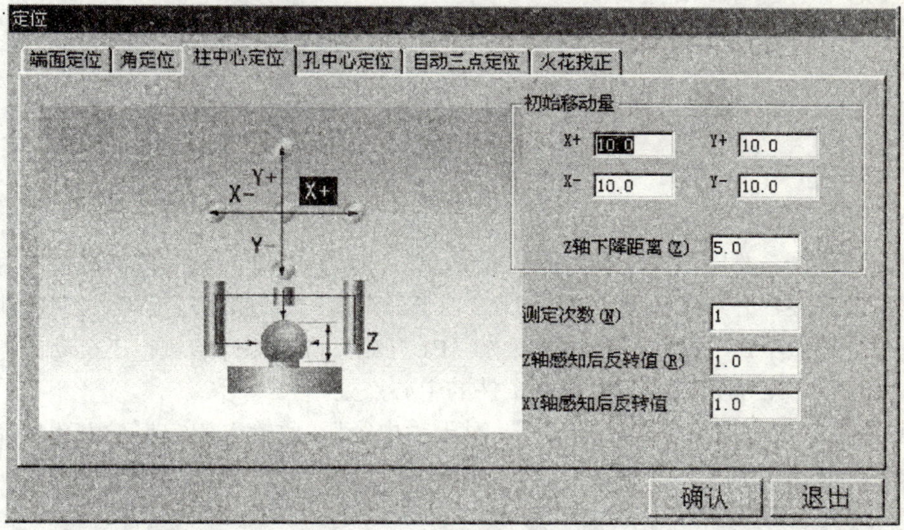

图 3-17

在“柱中心定位”之前，用手控盒将机床移动到电极和工件相应位置处，然后根据定位需要输入以下变量：① 初始移动量；② Z 轴下降距离；③ 测定次数；④ Z 轴感知后反转值；⑤ X、Y 轴感知后反转值。然后单击“确认”按钮，即可进行“柱中心定位”操作。定位完成后，电极停在工件的中心处。

（4）“孔中心对话框”子功能模块如图 3-18 所示。

在“孔中心定位”操作之前，用手控盒将机床移动到电极和工件的相应位置，然后在如图 3-18 所示的对话框中，根据定位需要输入以下变量：① X 和 Y 轴的初始移动量；② Z 轴下降距离；③ 测定次数；④ Z 轴感知后反转值。然后单击“确认”按钮或操作“F1 开始”键，即开始执行“孔中心定位”，定位完成后，电极停在工件的内孔中心处。

（5）“自动三点定位”子功能模块对话框如图 3-19 所示。在“自动三点定位”操作之前，先用手控盒将机床移动到电极和工件的相对位置，然后在对话框中根据定位需要，选择“定位类型”中的“内径”或“外径”；在“条件”对话框中输

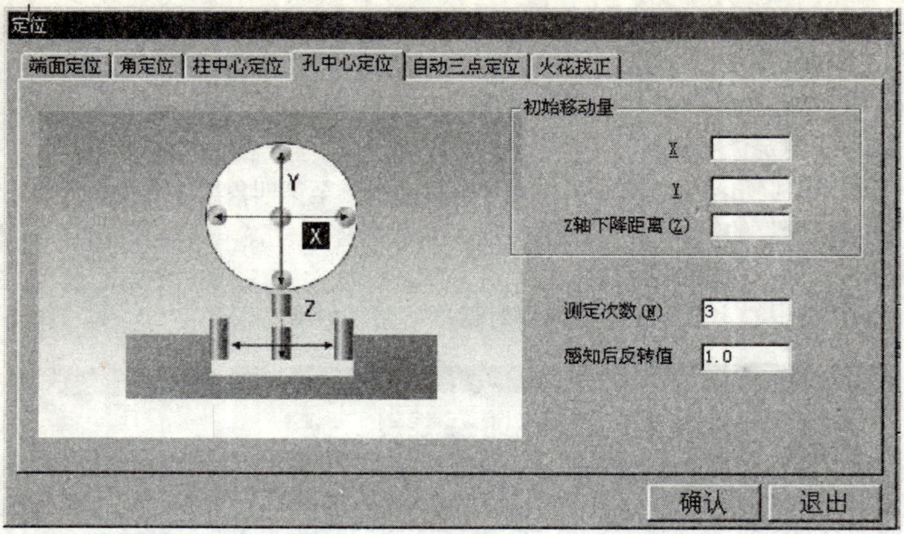

图 3-18

入三点定位的条件，其中包括原输入值，第一点接触角度，第二点接触角度，第三点接触角度。并输入以下变量：① Z 轴下降距离；② 感知后反转值；③ 测定物直径。然后单击“确认”按钮或操作“F1 开始”键，即开始执行“自动三点定位”的操作，定位完成后，电极在工件的中心点处。

“原输入值”即为位图中的“r”，对于“内径”，原输入值应小于内孔半径与电极半径的差；对于“外径”，原输入值应大于圆柱半径与电极半径的和。

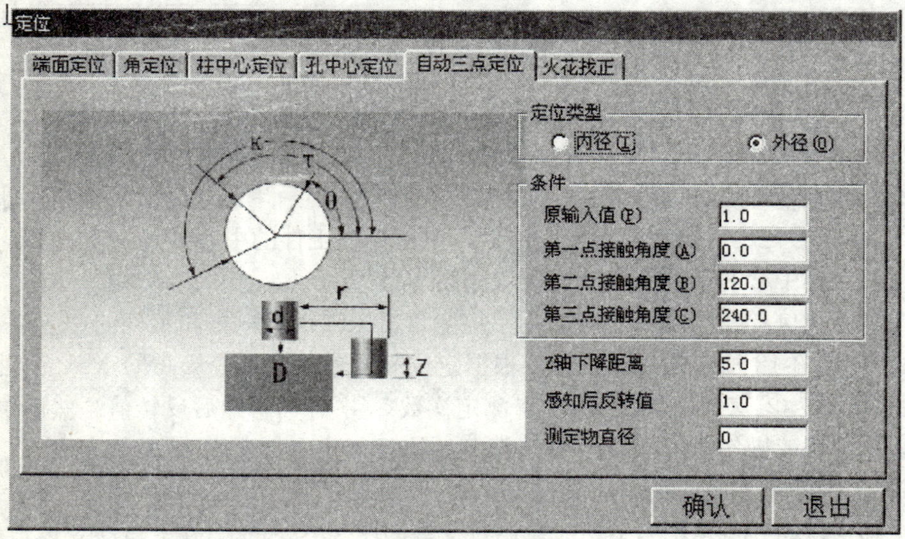

图 3-19

（6）“火花找正”子功能模块对话框如图 3-20 所示。

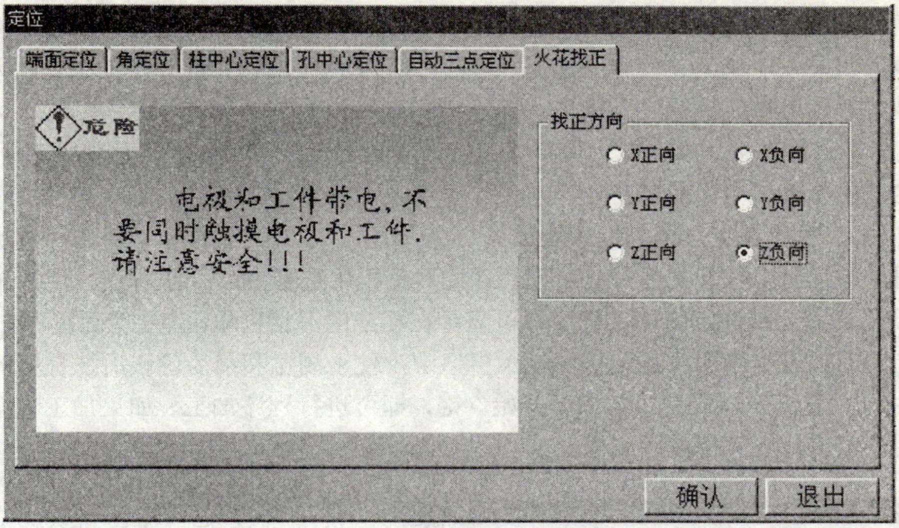

图 3-20

“火花找正”是一种带有小电流放电加工的定位方式。它有利于电极和工件的找正和定位，在实际加工中经常用到。其使用方法如下：在图 3-20 所示的对话框中，选择需要找正的方向，“Z−”、“Z+”、“X−”、“X+”、“Y−”、“Y+”6 个中的一个，然后单击“确认”按钮或操作“F1 开始”键，即开始执行“火花找正”的操作。当电极快要接近工件时，即有小火花放电，此时可根据火花是否均匀，来确定电极和工件是否平正。在进行电极和工件调平时，首先应确定电极卡头是否为绝缘卡头，以防卡头带电，造成不必要的触电事故；其次，可选择 IP 参数值来控制火花的大小，但是火花不能太大，以防其他意外事故的发生。

6. 加工

本功能包括“手动加工”和“程序加工”两个子功能模块，可以根据自己的需要进行选择。

(1)“手动加工”子功能模块如图 3-21 所示。

在此对话框下，需要输入伺服加工轴的目标坐标值，并根据需要选择加工坐标“绝对”或“相对”方式，同时还可以选择加工结束后是否回加工起始点，决定加工轴的停止位置。

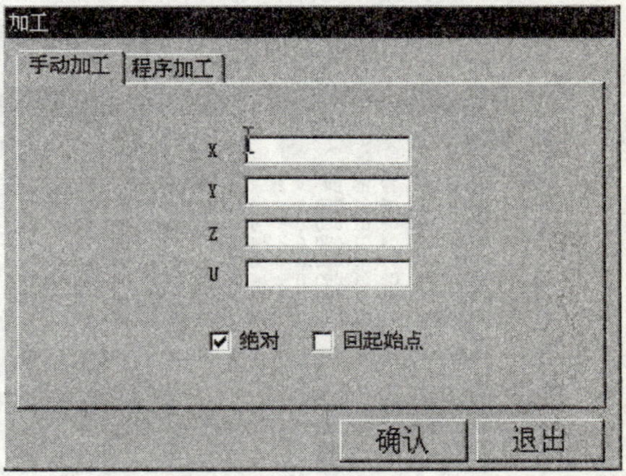

图 3-21

在图 3-21 对话框中，当已按要求设定完毕后，即可单击“确认”按钮，即一段简易加工程序就被调入程序状态栏中，在此可以确认程序的正确性和设定加工参数。如果各项加工参数均已选择好，则可以按“F1 开始”键开始加工。或因没有准备好，可重新进行以上操作。

注意：按“F1 开始”键，如果加工液面未达到设定值，将提示无油加工画面。在加工中严禁使用无油加工。

（2）“程序加工”子功能模块如图 3-22 所示。在此对话框下，单击“浏览”按钮，即弹出“打开文件”对话框，在此对话框中选择 NC 加工程序，然后单击“打开”按钮，所选定的加工程序即可显示在相应的对话框中，单击“确认”按钮，所选定的加工程序即可显示程序显示窗口中，便于浏览和最后确认所选程序的正确性。一切正确无误后，按“F1 开始”键，即可进行程序加工。如果加工液面未达到设定值，应等待液面到位。

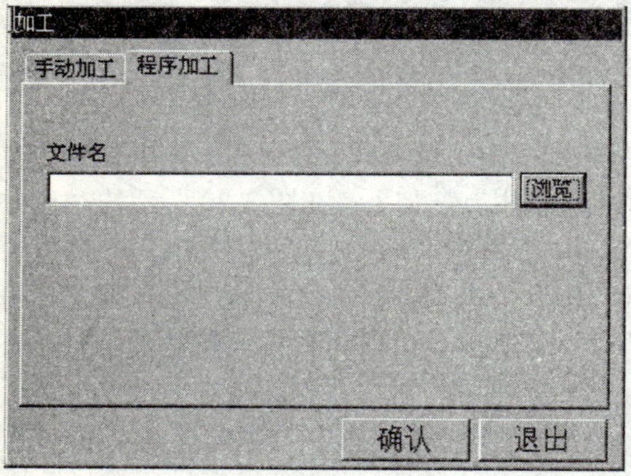

图 3-22

7. 加工条件

加工条件分“用户参数”和“系统参数”两大类。其区别在于：“用户参数”下的参数选择项目，用户可以根据加工经验进行修改，以满足用户可以随时调用自己成熟的加工参数。在“用户参数”对话框中，用户可以对选定的加工参数进行修改、删除、保存等操作，如图 3-23 所示。而“系统参数”是由厂家自行定义的现成的加工参数库，用户不能进行修改，如图 3-24 所示。

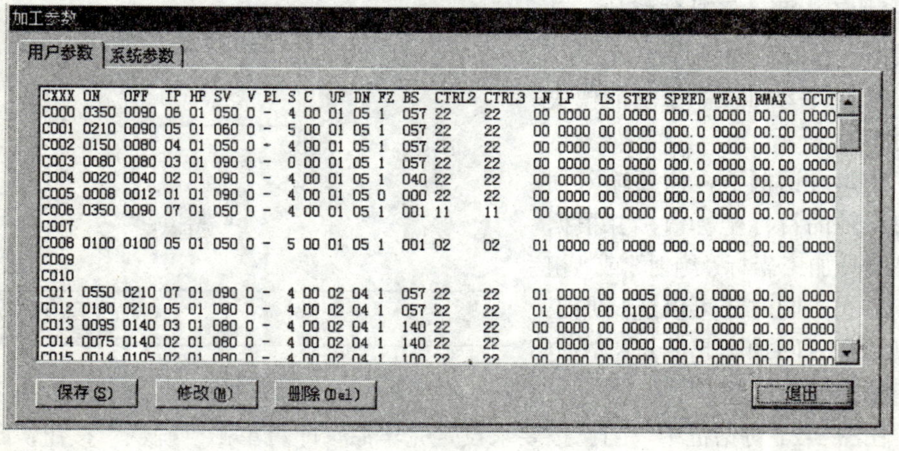

图 3-23

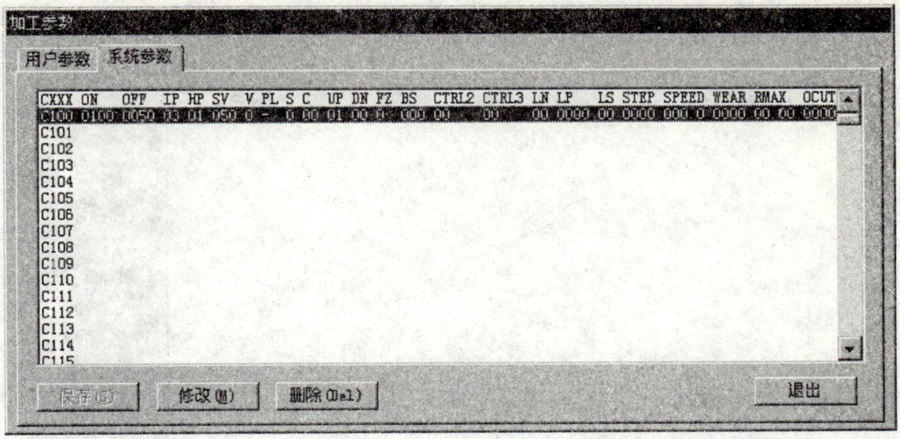

图 3-24

8. 机床参数

“机床参数”是厂家为保障机床的各种精度及机床正常加工运行而设置的各种机床参数，它包括速度参数、机床行程、反向间隙补偿和螺距补偿等各种机床参数，如图 3-25 所示。原则上讲，该项功能严禁用户操作使用，所以该项功能厂家进行加密保护，禁止用户使用该功能模块。

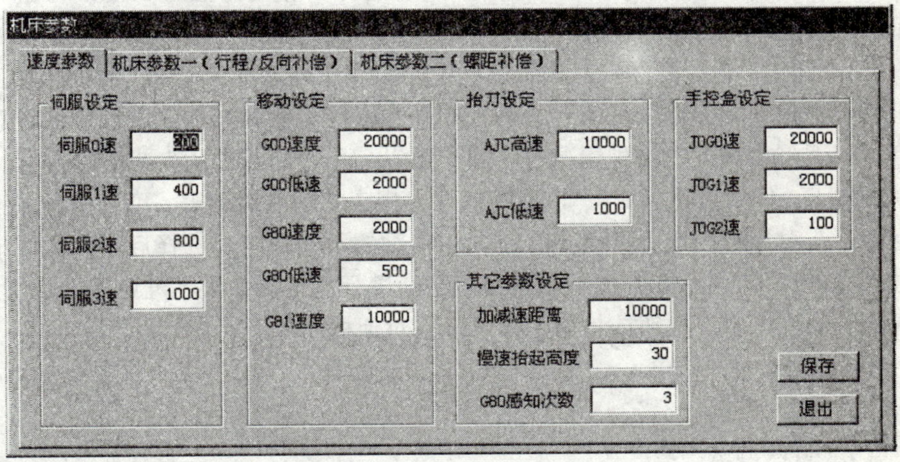

图 3-25

9. 辅助功能

该功能模块包括“程序编辑器”、“当前程序编辑器”、“计算器”和“断点加工”等子功能模块。

“程序编辑器”用于用户对所需程序的编辑和修改，如图 3-26 所示。

“当前程序编辑器”主要用于对当前调用的程序进行修改和编辑，并可编辑和检查程序的错误。

图 3-26

“计算器”是直接调用 Windows 的计算器程序，使用方法与 Windows 的计算器相同。

“断点加工”是用来保护在加工过程中因出现意外情况，而造成的机床加工中断时，对各种加工信息恢复的一种有效的补救措施。例如，加工过程中系统意外断电、加工停止等，在这种情况下，用户可以使用“断点加工”来继续进行原来的零件加工。使用“断点加工”，系统将弹出相应的功能对话框。可以根据加工的实际需要在对话框内选择“断点”时，移动轴的不同顺序。选择后，用鼠标单击“开始”按钮，即可返回到加工断点处，继续进行加工，如果不准备返回加工点，用鼠标单击“退出”按钮或按 Esc 即可退出对话框。

10. 其他功能

（1）F10：帮助。

（2）F11：调试。

本功能模块供专业调试人员使用，原则上讲，该项功能严禁用户操作使用，故厂家对该项功能进行加密保护，以防止用户进入该项功能由于误操作而造成机床不能正常运行。

（3）F12：系统退出。

单击该功能模块，退出系统，返回到 Windows 界面下。

（4）油泵。

用手控盒上的“油泵”键，或按键盘上快捷键“P”，或用鼠标单击系统状态下的“油泵”按钮，可直接开启或关闭油泵，同时状态栏的“开/关”状态随之变化。

（5）单段加工。

用鼠标单击状态栏，系统状态下的“单段加工”按钮或按键盘快捷键“K”，即可控制机床进行单段加工，同时状态栏的单段加工“开/关”状态跟随变化。当选择单段加工后，程序每执行一行，即处于暂停状态，按下“暂停”键，可恢复加工。

（6）自动关机。

用鼠标单击状态栏，系统状态下的“自动关机”按钮即可控制机床在加工结束后，执行“自动关机”功能，同时状态栏的自动关机“开/关”状态跟随变化。选择“开/关”功能后，系统在加工结束 2 min 后，将自动关掉计算机和电柜电源。

10.1.6　摇动加工

1. 摇动加工的作用和指令

摇动加工又称劳伦加工或平动加工，指在单轴加工时，其他两轴进行特定轨迹合成动作的加工方式。

其主要作用是：① 对电极与精加工的偏差进行补偿，控制加工尺寸精度；② 利于排屑，稳定加工；③ 修光工件的表面，提高其粗糙度。

其基本参数有 3 个：

（1）以某加工轴为基准，其他两轴进行摇动，摇动幅度（半径）为 STEP；

（2）摇动轨迹有 5 种，包括圆形、方形、菱形、X 形、十字形；

（3）伴随摇动动作的伺服方式有 3 种，即自由摇动、步进摇动和锁定摇动。

摇动的指令格式如下：

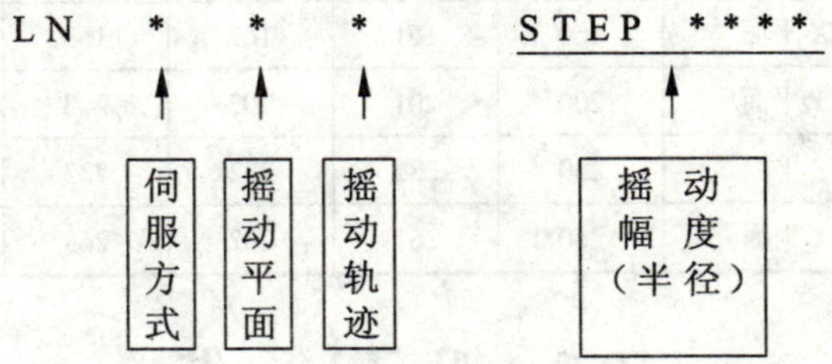

2. 摇动加工参数及选择方法

1）摇动类型

包括摇动平面、摇动类型、摇动形状和象限摇动等。

（1）摇动平面：*XY* 平面、*YZ* 平面、*ZX* 平面 3 种摇动平面。

（2）摇动类型：自由摇动、步进摇动、锁定摇动 3 种平动类型。

（3）摇动形状：圆形、方形、菱形、X 形、十字形 5 种平动形状。

2）摇动象限

可根据需要选择象限摇动类型。

3）摇动速度

用两位数值表示，其中第一位数值表示摇动方向，0 表示先两圈逆时针，后一圈顺时针；1 表示逆时针方向摇动；2 表示顺时针方向摇动。第二位数值表示摇动速度的快慢，0 为最快，9 为最慢。输入完成后，按“确认”按钮。

4）摇动半径

本系统“摇动半径”值的范围为 5～9 999，单位为μm，锁定摇动的最小值为 20，输入完成后，按“确认”按钮。

5）摇动类型一览表

以短路时回退类型，选择“不动”为例。

其中第一位数表示平动类型，第二位数表示平动平面和回退类型的组合，第三位数表示平动轨迹。具体情况见表 3-1。

表 3-1 摇动类型一览表

类型	平面 \ 轨迹	OFF	圆形	方形	菱形	X 形	十字形
自由平动	*XY* 平面	000	001	002	003	004	005
	YZ 平面	030	031	032	033	034	035
	ZX 平面	060	061	062	063	064	065
步进平动	*XY* 平面	100	101	102	103	104	105
	YZ 平面	130	131	132	133	134	135
	ZX 平面	160	161	162	163	164	165
锁定平动	*XY* 平面	200	201	202	203	204	205
	YZ 平面	230	231	232	233	234	235
	ZX 平面	260	261	262	263	264	265

10.2 加 工 条 件

10.2.1 加工参数及选择方法

1. 加工参数

加工参数的选择对工件加工质量影响很大。不同的数控电火花成形机床其加工参数大同小异。在选择加工参数时，要综合考虑加工工件的表面粗糙度、尺寸精度、生产率等各种因素，以满足工件的加工要求。

本脉冲电源的加工参数见表 3-2。

表 3-2　加工参数表

序号	参数	功能	范围
1	ON	脉冲宽度	1～2 047
2	OFF	脉冲间隙	6～2 047
3	IP	峰值电流	0～99
4	H	高压控制	0～7
5	SV	间隙电压	20～200
6	UP	上升距离	0～9
7	DN	放电时间	0～9
8	POL	放电极性	+、-
9	S	伺服速度	0～9
10	VL	低压电压	0～1
11	C	电容	0～15
12		C 代码	0～999

2. 参数设定与修改

在图 3-9 所示的主画面中的“电源参数”对话框中，可以设置有关加工条件的各项参数。在图 3-9 所示的画面中，直接用鼠标单击需要设定参数的按钮或操作其对应的快捷键，即弹出相应参数的设置对话框，在其设置对话框中，根据需要输入相应的参数值后，按“确认”键，即完成该项参数的设置和修改，输入的参数值即显示在“电源参数”栏中。

知识与技能 11

数控电火花加工前的准备

11.1 工件毛坯准备

电火花加工前应先对工件的外形尺寸进行机械加工，使其达到一定的要求。在此基础上，做好以下准备工作。

（1）加工预孔：一般情况下每边留 0.3～1.5 mm 的余量，并力求轮廓四周均匀。

（2）工件热处理：工件的淬火硬度一般要求为 HRC58～62。

（3）磨光、除锈、去磁。

11.2 工件和电极的装夹与校正定位

1）电极的装夹与校正

（1）目的：使电极正确、牢固地装夹在机床主轴的电极夹具上，使电极轴线和机床主轴轴线一致，保证电极与工件的垂直度。

（2）装夹方式：对于小电极，可利用电极夹具装夹；对于较大电极，可用主轴下端连接法兰上基面作为基准直接装夹；对于石墨电极，可与连接板直接固定后再装夹。

（3）电极校正：主要是检查其垂直度。对侧面有较长直壁面的电极，可采用精密角尺和百分表校正；对于侧面没有直壁面的电极，可按电极（或固定板）的上端面作为辅助基准，用百分表检验电极上端面与工作台的平行度。

2）工件的装夹与定位

一般情况下，工件可直接装夹在垫块或工作台上。在定位时，如果工件毛坯留有较大余量，可画线后用目测法大致调整好电极与工件的相互位置，接通脉冲电源弱规准加工出一个浅印。根据浅印进一步调整工件和电极的相互位置，使周边加工余量尽量一致。加工余量少时，需借助量具（块规、百分表等）进行精确定位。

知识与技能 12

断入工件丝锥、钻头的电火花加工

1. 学习目标

（1）了解电火花的加工原理。

（2）了解电火花机床的结构。

（3）了解极性效应和覆盖效应。

（4）掌握电火花加工安全操作规程。

（5）熟练操作数控电火花机床操作面板。

（6）熟练掌握数控电火花机床的开机、关机操作。

（7）掌握机床的维护保养。

（8）能操作数控电火花机床加工简单零件。

（9）养成良好的工作态度，建构严谨的团队协作能力，培养良好的职业道德和社会责任心。

2. 案例工作任务

应用数控电火花机床去除折断在工件中的丝锥、钻头。

3. 项目描述

该工作任务是应用数控电火花机床去除折断在工件中的丝锥、钻头。在钻削小孔和用小丝锥攻螺纹时，由于刀具硬而脆，抗弯、抗扭强度低，往往容易折断在孔中，为了避免工件报废，可采用电火花加工方法去除折断在工件中的钻头或丝锥。通过该工作任务的学习，使学生对数控电火花机床的相关知识有一个初步的了解，掌握数控电火花机床加工零件的基本步骤和操作方法。

12.1 知识准备

12.1.1 数控电火花加工的工作原理、特点、适用范围、分类

1. 电火花成形加工的特点

（1）成形电极放电加工，无宏观切削力。

（2）电极相对工件做简单或复杂的运动。

（3）工件与电极之间的相对位置可手动控制或自动控制。

（4）加工一般浸在煤油中进行。

（5）一般只能用于加工金属等导电材料，只有在特定条件下才能加工半导体和非导电体材料。

（6）加工速度一般较慢，效率较低，且最小角部半径有限制。

（7）适合于用传统机械加工方法难以加工的材料加工，可加工特殊和形状复杂的零件。

2. 数控电火花成形加工机床分类

普通数显电火花成形机床、单轴数控电火花成形机床、多轴数控电火花成形机床；

固定立柱式电火花成形机床、滑枕式电火花成形机床、龙门式电火花成形机床；

普通电火花成形机床、电火花加工中心。

3. 数控电火花成形机床的组成

以下以陕西汉川机床厂生产的 HCD400K 型精密数控电火花成形机为例进行讲解。

机床主要由主机、工作液箱、脉冲电源柜等部分组成。

主机包括床身、立柱、工作台、主轴箱、工作液槽、机床端子箱等部分。

4. 极性效应和覆盖效应

（1）极性效应：电火花（线切割）加工时，即使正极和负极是同一极材料，正、负两极的蚀除量也是不同的，这种现象称为极性效应。一般短脉冲加工时，正极的蚀除量较大；反之，长脉冲加工时，则负极的蚀除量较大。

（2）面积效应：指电火花加工时，随加工面积大小变化而加工速度、电极损耗比和加工稳定性等指标随之变化的现象，一般加工面积过大或过小时，工艺指标通常降低，这是由“电流密度”过小或过大引起的。

（3）深度效应：随着加工深度增加而加工速度和稳定性降低的现象称为深度效应，这主要是电蚀产物积聚、排屑不良所引起的。

12.1.2 数控电火花加工的加工参数

数控电火花成形加工的加工参数有：脉冲宽度脉冲宽度（ON）、脉冲间隙（OFF）、峰值电流（IP）、高压控制位数（*H*）、低压电压（VL）、间隙电压（SV）、放电极性（POL）、抬刀高度（UP）、加工时间（DN）、伺服速度（*S*）、电容（*C*）、条件号（C 代码）等。这些参数在电火花成形加工中有各自的功能。

加工参数的选择以及对加工的影响如下。

（1）脉冲宽度（ON）。脉冲宽度的选择范围为 1～2 047 μs。脉冲宽度对加工的影响：脉冲宽度增加，效率提高，电极损耗降低，粗糙度降低。

（2）脉冲间隙（OFF）。脉冲间隙的选择范围为 6～2 047 μs。脉冲间隙对加工的影响：脉冲间隙增加，效率降低，电极损耗增大，对粗糙度影响不明显。

ON 和 OFF 的选择：一般 ON＝2×OFF；机床低损耗加工，ON≥120 μs。OFF 的选择，在加工稳定的情况下，越小越好；在加工中要注意 ON 与 OFF 匹配，如加工不稳定或拉弧，应增加 OFF 或减小 ON。

（3）峰值电流（IP）。峰值电流的选择范围为 0～99。IP 越高，加工速度越快。其选择原则是：IP 大于 15 的粗加工排屑好，IP4～IP7 是电极损耗较低的加工参数，IP1～IP3 为精加工使用。一般选择时考虑 1 cm^2≤10 A。

（4）高压控制位数（*H*）。高压控制位数从 0～7 共 8 位，其作用是：快速形成放电通道，有利于加工稳定。它设定高压辅助回路的峰值电流，*H* 每增加 1，峰值电流约增加 0.2 A，最高 *H*＝7，约增至 1.2 A。

（5）低压电压（VL）。低压电压的变换范围为 0 和 1 档，分别选择 0 和 1 时，对应空载电压依次为 90 V 和 120 V（有的机床还设有 60 V 的档位）。在无损耗加工（Cu-St 加工）时，一般取 VL＝90 V，电极采用紫铜；若选用 120 V，加工效率高，但电极损耗大，电极采用石墨。

（6）间隙电压（SV）。间隙电压的调节范围为 20～200 V。SV 值小则放电快，SV 值大则放电慢，当加工出现不稳定或拉弧时，可通过增大 SV 值来调节。其选择原则是：一般粗糙加工取 SV＝40～60 V；一般精加工取 SV＝80～100 V，精加工取 SV＝120 V 左右。

（7）放电极性（POL）。放电极性可为正极性或负极性，当工件接正极、电极接负极时称为正极性；反之，工件接负极、电极接正极时称为负极性。

放电极性影响电极损耗、放电稳定、效率，一般超精加工，最后一组参数采用正极性，可以获得较高粗糙度。

（8）抬刀高度（UP）。抬刀高度表示加工时的抬刀上升距离。使用抬刀有利于排屑，使加工稳定。其调整范围为 0～9。

（9）加工时间（DN）。加工时间也可理解为放电时间，其设定值为 0～9。DN 表示放电时间，放电时间值＝设定值×0.5 s

UP、DN 的选择：一般粗加工，UP:DN＝2:5；精加工，UP:DN＝2:4 或 3:4。

（10）伺服速度（*S*）。伺服速度的作用是间隙检测，自动调节。其选择范围为 0～9，可根据加工面积的大小选择。当加工面积较大时，需降低速度，*S* 取小值；反之，取大值。

（11）电容（*C*）。电容选择范围为 0～15，可根据加工条件选择。一般 C0～C6 用于小孔窄槽等的精细加工；对于超硬合金加工，铜钨合金的有消耗加工，粗加工时用 C7～C9，精加工时用 C3～C6，以增加脉冲的冲击力，使加工稳定。

无损耗加工（小于 1%的电极损耗），需设定 *C*＝0。

（12）条件号（C 代码）。条件号有 0～999 个，其中 000～099 为用户定义，

100~999 为系统定义。

通常加工时，需要调整的参数是：UP、DN、SV 等。

12.1.3 数控电火花成形加工的加工步骤及要求

数控电火花成形加工的加工步骤及要求以型腔加工工艺为例加以说明。

（1）工艺分析：对零件图进行分析，了解工件的结构特点、材料，明确加工要求。

（2）选择加工方法：根据加工对象、精度及表面粗糙度等要求和机床功能选择采用单电极加工、多电极加工、单电极平动加工、分解电极加工、二次电极法加工或是单电极轨迹加工。

（3）选择与放电脉冲有关的参数：根据加工的表面粗糙度及精度要求确定选择与放电脉冲有关的参数。

（4）选择电极材料：常用电极材料可分为石墨和铜，一般精密小电极用铜来加工，而大的电极用石墨加工。

（5）设计电极：按图样要求，并根据加工方法和与放电有关的参数等设计电极纵横截面尺寸及公差。

（6）制造电极：根据电极材料、制造精度、尺寸大小、加工批量、生产周期等选择电极制造方法。

（7）加工前的准备：对工件进行电火花加工前钻孔、攻螺纹加工、磨平面、去磁、去锈等。

（8）热处理安排：对需要进行淬火热处理的工件，根据精度要求安排热处理工序。

（9）编制、输入加工程序：一般常用国际标准 ISO 代码。

（10）装夹与定位：

① 根据工件尺寸和外形选择或制造定位基准；

② 准备电极装夹夹具；

③ 装夹和校正电极；

④ 调整电极；

⑤ 工件的定位和加紧。

（11）开机加工：选择加工极性，调整机床，保持适当液面高度，调节加工参数，保持适当电流，调节进给速度、充油压力等。随时检查工件稳定情况，正确操作。

（12）加工结束：检查零件是否符合加工要求，进行清理。

12.2 实训操作过程

应用“六步”工作程序来完成该项工作任务。

12.2.1　资讯——我们要做什么？引导出问题

在钻削小孔和用小丝锥攻螺纹时，由于刀具硬而脆，抗弯、抗扭强度低，往往容易折断在孔中，为了避免工件报废，可采用电火花加工方法去除折断在工件中的钻头或丝锥。该工作任务是应用数控电火花机床去除折断在工件中的丝锥、钻头，而且不能影响孔或螺纹的使用。

所用设备为陕西汉川机床厂生产的 HCD400K 型精密数控电火花成形机床。

12.2.2　决策——确定实施办法和所需材料

1. 电极材料和电极设计

电极材料选用紫铜杆。电极直径应根据钻头或丝锥的尺寸来决定。对钻头，工具电极的直径 d' 应大于钻芯直径 d_0，小于钻头外径 d，一般 d_0 约为（1/5）d，故可取电极直径 d' ＝（2/5～4/5）d，以取（3/5）d 为最佳。对丝锥，电极的直径 d' 应大于丝锥的钻芯直径 d_0，小于攻螺纹前的预孔直径 d_1，通常，电极的直径 $d' = \dfrac{d_0 + d_1}{2}$ 为最佳值。

加工前，可以根据丝锥规格和钻头的直径按表 3-3 来选择电极的直径。确定好电极直径后进行电极加工。

表 3-3　根据丝锥和钻头直径选取工具电极直径

工具电极直径/mm	1～1.5	1.5～2	2～3	3～4	3.5～4.5	4～6	6～8
丝锥规格	M2	M3	M4	M5	M6	M8	M10
钻头直径/mm	$\phi 2$	$\phi 3$	$\phi 4$	$\phi 5$	$\phi 6$	$\phi 8$	$\phi 10$

2. 工件和电极的装夹找正

电极直接装夹在机床主轴头的电极夹头中，用直角尺在 X、Y 两个方向调整，使电极与机床工作台面垂直，然后将工件安装在电火花机床的工作台面上，使折断的钻头或丝锥的中心与机床工作台面保持垂直，再移动工作台，使电极中心与断入工件中的钻头或丝锥的中心一致。

3. 加工参数选择

开动机床前要选择好加工参数。由于对加工精度和表面粗糙度的要求不高，因此，应选用加工速度快、电极损耗小的粗标准。但加工电流受电极加工面积的限制，电流过大容易造成拉弧；另一方面，为了达到减少电极损耗的目的，要注意峰值电流和脉冲宽度之间的匹配关系，电流过大，会增加电极的损耗。所以，脉冲宽度可以适当取大些，并采用负极性加工；停歇时间要和脉冲宽度匹配合理。可参考表 3-4 的标准。

表 3-4 低损耗粗加工参数参考标准

脉冲宽度（ON）	脉冲间隙（OFF）	峰值电流（IP）	高压控制（*H*）	低压电压（VL）	间隙电压（SV）
200	50	10～15	4	0	40～60
放电极性（POL）	抬刀高度（UP）	加工时间（DN）	伺服速度（*S*）	电容（*C*）	条件号（C代码）
负	2	5	0	0	

4. 加工深度

加工深度由断入工件的钻头或丝锥的深度及工具电极的损耗来决定。

加工时，如果所攻螺纹孔是通孔，可采用下冲油；如果是盲孔，则可采用侧冲油或不冲油，必要时可采用铜管作为工具电极，使工作液从铜管中导入加工区，即采用上部冲油进行加工。

12.2.3 计划——考虑如何去完成？

（1）先根据断丝锥或钻头的大小来设计电极大小；

（2）对所设计的电极进行加工。

（3）确定加工深度。

（4）装夹校正电极和工件。

（5）选择好加工电参数。

（6）操作机床进行加工。

12.2.4 实施——具体实施操作步骤

按照以下 9 个步骤完成本工作任务。

（1）开机：启动机床电源进入系统。

（2）检查系统各部分是否正常。

（3）装夹并校正电极。

（4）装夹并校正工件。

（5）移动电极到起始加工位置，关好工作液槽门。

（6）开机加工：保持适当液面高度，调节好加工参数。

（7）监控机床运行状态，随时检查工件稳定情况，正确操作。

（8）加工完毕，卸下工件并进行检测。

（9）清理机床并打扫车间卫生。

12.2.5 检查

在加工过程中，要注意以下几项内容检查：

（1）工件正式加工前，要确认工件、电极已经固定好，确认导线的绝缘皮没有破裂，检查电极、工件、夹具之间有没有干扰。

（2）检查灭火装置是否完好。

（3）加工中，检查液位高度，要确保液位高于工件 50 mm 以上；检查加工参数是否合适，放电是否正常。

12.2.6　评估

完成工件的加工后，对工件精度进行评估，找出出现问题是由于机床因素还是测量因素，回顾整个加工过程，是否有需要改进的操作。

12.3　安全注意事项

（1）加工过程中不可碰触电极工具，一般操作人员不得较长时间离开电火花机床，重要机床每班操作人员不得少于两人。

（2）经常保持机床电气设备清洁，防止受潮，以免降低绝缘强度而影响机床的正常工作。

（3）加添工作介质煤油时，不得混入类似汽油之类的易燃物，防止火花引起火灾。

（4）加工时，工作液面要高于工件 50 mm 以上，如果液面过低，加工电流较大，很容易引起火灾。

（5）电火花加工时间内，应有抽烟雾、烟气的排风换气装置，保持室内空气良好而不被污染。

（6）机床周围严禁烟火，并应配备适用于油类的灭火器，最好配置自动灭火器。

（7）下班前关闭所有电源开关，关好门窗。并清扫实习车间，关闭照明灯及风扇方可离开。

学生工作任务及思考

1. 学生工作任务

应用数控电火花机床去除折断在工件中的丝锥、钻头。

2. 思考

（1）断入工件的丝锥、钻头为什么需要用电火花加工？

（2）为什么在电火花加工中液面至少高过工件 50 mm 以上？

知识与技能 13

简单孔型模具型腔的电火花加工

1. 学习目标

（1）掌握电火花加工方法。

（2）掌握电极的尺寸设计。

（3）掌握摇动加工原理及参数设定。

（4）掌握电火花机床的维护保养。

（5）养成良好的工作态度，建构严谨的团队协作能力，培养良好的职业道德和社会责任心。

2. 案例工作任务

应用数控电火花机床完成如图 3-27 所示孔型模具型腔的电火花加工。

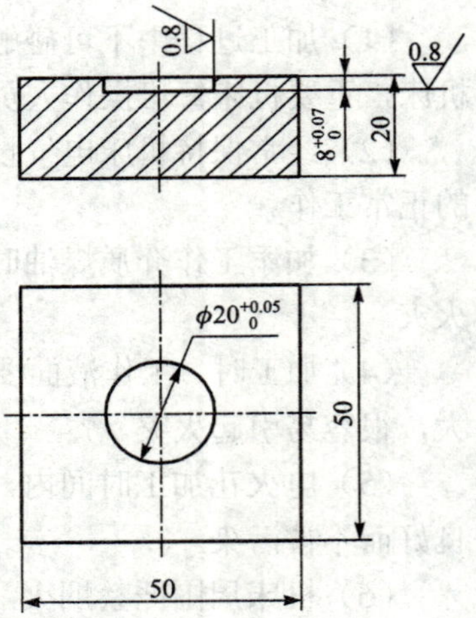

图 3-27

3. 项目描述

该工作任务为利用电火花机床加工一简单孔型模具型腔。主要难点在于孔型尺寸精确，表面粗糙度好。通过孔型模具型腔的电火花加工，使学生掌握电极的尺寸设计、摇动加工及参数设置，熟练掌握电火花机床的操作技能。

13.1 知识准备

13.1.1 电极的设计与制作

1. 电极材料的选用

本项目选用的电极材料为紫铜。

2. 电极的设计与加工条件的选择

电极的设计考虑电极的装夹校正，本项目采用圆柱形电极，电极毛坯尺寸为 $\phi22\times30$ mm 的紫铜棒。该电极分为两部分，一部分为直接加工部分长度（10 mm），电极直接加工部分长度要考虑最大电极损耗长度和零件型腔的深度；一部分为装夹部分长度（20 mm）。电极的加工利用车床进行车削加工。

电极截面尺寸的确定，电极截面尺寸根据孔型模具型腔尺寸及公差、放电间隙的大小而定，还与加工方法和与放电脉冲设定有关的参数有关。不同部位形状、不同尺寸的计算也有所不同。本项目电极的截面尺寸设计为$\phi 19.2_{-0.02}^{0}$。

13.1.2　加工参数选择

开动机床前要选择好加工参数。本项目采用粗加工、精加工两步进行。为了达到电极低损耗的目的，要注意峰值电流和脉冲宽度之间的匹配关系，电流过大，会增加电极的损耗。所以，脉冲宽度可以适当取大些，并采用负极性加工；停歇时间要和脉冲宽度匹配合理。

13.2　实训操作过程

应用“六步”工作程序来完成该项工作任务。

13.2.1　资讯——我们要做什么？引导出问题

该任务是应用数控电火花机床完成如图 3-27 所示简单孔型模具型腔的电火花加工，要求零件精度合格。所用设备为陕西汉川机床厂生产的 HCD400K 型精密数控电火花成形机床。材料为 50×50×20 的 45 号钢板。

13.2.2　决策——确定实施办法和所需材料

1. 电极设计与制作

电极材料采用紫铜，毛坯尺寸为$\phi 22 \times 30$ mm，该电极分两部分，一部分为直接加工部分，长度为 10 mm，电极的截面尺寸为$\phi 19.2_{-0.02}^{0}$；另一部分为装夹部分，长度为 20 mm。电极的加工利用车床进行车削加工。

2. 夹具及工件装夹方式的选择

采用压板装夹工件，用校表法找正工件。

3. 摇动参数的选择

粗加工不采用摇动参数，精加工采用摇动参数，以保证加工精度。

13.2.3　计划——考虑如何去完成？

（1）首先根据所加工零件的精度尺寸要求来设计电极。

（2）进行电极加工。

（3）装夹找正电极和工件。

（4）进行电极定位。

（5）预留精加工余量：0.3 mm。

（6）选择好加工电参数。

① 粗加工的电参数设置（参考），见表 3-5。

表 3-5 粗加工的电参数设置

脉冲宽度（ON）	脉冲间隙（OFF）	峰值电流（IP）	高压控制（*H*）	低压电压（VL）	间隙电压（SV）
240	100	7	2	0	60
放电极性（POL）	抬刀高度（UP）	加工时间（DN）	伺服速度（*S*）	电容（*C*）	条件号（C 代码）
负	2	5	0	0	

② 精加工的电参数设置（参考），见表 3-6。

表 3-6 精加工的电参数设置

脉冲宽度（ON）	脉冲间隙（OFF）	峰值电流（IP）	高压控制（*H*）	低压电压（VL）	间隙电压（SV）
20	10	2	4	0	100
放电极性（POL）	抬刀高度（UP）	加工时间（DN）	伺服速度（*S*）	电容（*C*）	条件号（C 代码）
负	2	4	2	0	

③ 精加工摇动参数设置（参考）

a. 摇动类型：锁定摇动；

b. 摇动形状：圆形；

c. 摇动平面：*XY* 面；

d. 象限摇动：无；

e. 摇动速度：02；

f. 摇动半径：300 μm。

（7）操作机床进行加工。

13.2.4 实施——具体实施操作步骤

按照以下 10 个步骤完成本工作任务。

（1）开机：启动机床电源进入系统。

（2）检查系统各部分是否正常。

（3）装夹并找正电极。

（4）装夹并找正工件。

（5）进行电极定位，关好工作液槽门。

（6）开机进行粗加工：保持适当液面高度，调节好粗加工参数。

（7）进行精加工，调节好精加工参数。

（8）监控机床运行状态，随时检查工件稳定情况，正确操作。

（9）加工完毕，卸下工件并进行检测。

（10）清理机床并打扫车间卫生。

13.2.5　检查

在加工过程中，要注意以下几项内容检查：

（1）工件正式加工前，要确认工件、电极已经固定好，确认导线的绝缘皮没有破裂，检查电极、工件、夹具之间有没有干扰。

（2）检查灭火装置是否完好。

（3）加工中，检查液位高度，要确保液位高于工件 50 mm 以上；检查加工参数是否合适，放电是否正常。

（4）加工过程中要注意检查加工参数是否合适。

13.2.6　评估

完成工件的加工后，对工件精度进行评估，找出出现的问题是由于机床因素还是测量因素，回顾整个加工过程，是否有需要改进的操作。

13.3　安全注意事项

（1）加工过程中不可碰触电极工具，一般操作人员不得较长时间离开电火花机床，重要机床每班操作人员不得少于两人。

（2）经常保持机床电气设备清洁，防止受潮，以免降低绝缘强度而影响机床的正常工作。

（3）加添工作介质煤油时，不得混入类似汽油之类的易燃物，防止火花引起火灾。

（4）加工时，工作液面要高于工件 50 mm 以上，如果液面过低，加工电流较大，很容易引起火灾。

（5）电火花加工时间内，应有抽烟雾、烟气的排风换气装置，保持室内空气良好而不被污染。

（6）机床周围严禁烟火，并应配备适用于油类的灭火器，最好配置自动灭火器。

（7）下班前关闭所有电源开关，关好门窗。并清扫实习车间，关闭照明灯及风扇方可离开。

学生工作任务及思考

1. 学生工作任务

应用数控电火花机床完成如图 3-28 所示孔型模具型腔的电火花加工。

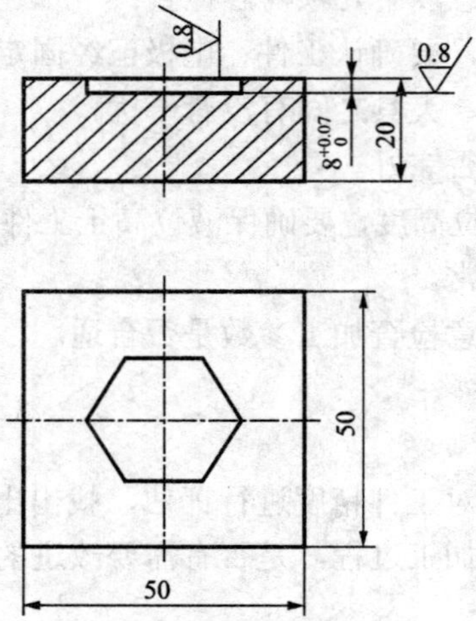

图 3-28

2. 思考

（1）如何用一个电极精加工型腔？

（2）可以用钢做电极吗？

附录A　电火花加工的分类

类别	工艺方法	用途	特点	备注
1	电火花穿孔成形加工（又称为电火花成形加工或电火花加工）	（1）型腔加工：加工各类型腔模及各种复杂的型腔零件； （2）穿孔加工：加工各种冲模、挤压模、粉末冶金模、各种异形孔及微孔等	（1）工具和工件主要有一个相对的伺服进给运动； （2）工具为成形电极，与被加工表面有相同的截面或形状	约占电火花机床总数的 30%，典型的有 D7125、D7140 型等电火花穿孔成形机床
2	电火花线切割加工	（1）切割各种冲模和具有直纹面的零件； （2）下料、截割和窄缝加工； （3）直接加工出零件	（1）工具电极为沿着其轴线方向移动着的线状电极； （2）工具与工件在两水平方向同时有相对伺服进给运动	约占电火花机床总数的 60%，典型的有 DK7725、DK7740 型等数控电火花线切割机床
3	电火花内孔、外圆成形磨削	（1）加工高精度、表面粗糙度值小的小孔，如拉丝模、挤压模、微型轴承内环、钻套等； （2）加工外圆、小模数滚刀	（1）工具与工件有相对的旋转运动； （2）工具与工件间有径向和轴向的进给运动	约占电火花机床总数的 3%，典型的有 D6310 型电火花小孔内圆磨床
4	电火花同步共轭回转加工	以同步回转，展成回转、倍角速度回转等不同方式，加工各种复杂形面的零件，如高精度的异形齿轮、精密螺纹环规和高精度、高对称、表面粗糙度值小的内、外回转体表面等	（1）成形工具与工件均做旋转运动，但两者角速度相等或成整数倍，接近的放电点可有切向相对运动速度； （2）工具相对工件可做纵、横向进给运动	约占电火花机床总数的 1%以下，典型的有 JN-2、JN-8 型等内外螺纹加工机床
5	电火花高速小孔加工	（1）加工速度可高达 60 mm/min，深径比可达 1:100 以上； （2）线切割预穿丝孔； （3）深径比很大的小孔，如喷嘴等	（1）采用ϕ0.3～3 mm 空心管状电极，管内冲入高压水基工作液； （2）细管电极旋转.	约占电火花机床总数的 2%，典型的有 D7003A 型电火花高速小孔加工机床
6	电火花铣削加工	（1）适合用简单电极加工复杂形状； （2）由于加工效率不高，一般用于加工较小零件	工具电极相对工件做平面或空间运动，类似常规铣削	各种多轴数控电火花加工机床有此功能
7	电火花表面强化、刻字	（1）模具刃口，以及刀具、量具刃口表面强化和镀覆； （2）电火花刻字、打印记	（1）工具在工件表面上振动； （2）工具相对工件移动	约占电火花机床总数的 2%～3%，典型的有 D9105 型电火花强化机等

附录 B　电切削工国家职业资格标准

电火花加工工人技术等级标准（含电火花线切割加工工）

下面是原机械工业部 1986 年发布的“工人技术等级标准”。由于电火花加工技术以及电火花线切割加工技术在近年来的迅猛发展，该标准已不太适合当前的发展形势。在此仅供读者参考。

初级电火花加工工人应知：

（1）自用电火花机床的名称、型号、结构、一般传动关系、润滑与工作液系统及其使用规则和维护保养方法。

（2）自用机床附件（交流稳压电源、纸带穿孔机）的使用和维护保养方法。

（3）常用工具、夹具、量具的名称、规格、用途和维护方法。

（4）常用工件材料的种类、牌号和性能。

（5）常用电极材料的种类、名称、规格、性能和用途。

（6）常用工作液、润滑剂、液压油的种类、规格和作用。

（7）机械制图基本知识。

（8）公差配合、形状位置公差和表面粗糙度的基本知识。

（9）常用数学计算知识。

（10）热处理基本知识。

（11）电工基本知识。

（12）电火花加工的一般理论知识（电火花加工的机理和极性效应）。

（13）安全技术规程。

应会：

（1）正确操作自用电火花加工机床及其附件，并能进行维护保养。

（2）正确使用常用的工具、夹具、量具，并能进行维护保养。

（3）正确配制工作液。

（4）按图样和工艺检查简单形状的电极，并能正确安装。

（5）在通用和专用夹具上正确安装一般工件。

（6）使用一般仪器观察加工状态。

（7）根据加工对象，合理选择加工参数。

（8）及时发现机床的常见故障。

（9）看懂一般的零件图，绘制简单的零件草图。

（10）编制简单的单件线切割加工程序。

（11）简单零件的测量。

（12）加工形状简单的零件。

（13）钳工的基本操作。

（14）正确执行安全技术规程。

（15）做到岗位责任制和文明生产的各项要求。

工作实例：

（1）电火花成形机床加工单槽孔模具，表面粗糙度 R_a 为 5 μm、公差等级 IT8。

（2）电火花线切割机床加工简单凸模，表面粗糙度 R_a 为 2.5 μm、公差等级 IT7（包括编制程序）。

（3）能独立拆装电火花线切割机床的导轮，并能校正电极丝的垂直度。

（4）相应复杂程序工件的加工。

中级电火花加工工人应知：

（1）常用电火花加工机床的性能、结构和调整方法。

（2）常用电火花加工机床的控制原理及方框图。

（3）工业电子学的基础知识（包括电工原理、数字电子电路等）。

（4）电火花加工机床中常用的电器、电子元件的型号、性能、用途和作用原理。

（5）模具加工的一般知识及其要求。

（6）常用电火花加工机床的精度检验方法。

（7）加工精度、加工效率、电极损耗与可选择的加工参数之间的相互关系。

（8）产生不合格产品的原因及其预防方法。

（9）液压传动的一般知识。

（10）编制工艺规程的基本知识。

（11）生产技术管理知识。

应会：

（1）看懂常用电火花加工机床的说明书、原理图和总逻辑图。

（2）常用电火花加工机床主要结构的调整。

（3）合理使用常用的复杂工具、夹具、量具。

（4）看懂较复杂的模具装配图，绘制一般零件图。

（5）查阅电火花加工的有关技术书籍和手册。

（6）排除常用电火花加工机床的一般故障。

（7）设计、计算简单电极。

（8）借助于自动编程机编制电火花线切割加工程序。

（9）能用示波器观察、分析加工状态，选择最佳工作参数使之达到稳定加工状态。

（10）加工各种较复杂的工件和模具。

工作实例：

（1） 电火花成形机床加工四孔级进模，表面粗糙度 R_a 为 2.5 μm、公差等级 IT7。

（2）电火花线切割机床加工凹凸模，表面粗糙度 R_a 为 2.5 μm、配合间隙 0.02 mm。

（3）排除电火花成形机床主轴头电控失灵故障。

（4）排除电火花线切割机床步进电动机失步故障。

（5）相应复杂程度工件的加工。

高级电火花加工工人应知：

（1）多种电火花加工机床的结构、工作原理、测试方法、精度检验方法和故障排除方法。

（2）多种精密量具的结构、原理和各部分的作用。

（3）各种复杂、精密工件的装夹、加工和测量方法。

（4）新产品中高难度工件确保质量的加工方法。

（5）其他机床加工的基本知识。

（6）国内外先进电加工机床。

（7）本专业的基本理论知识（包括自适应控制与新颖电源的基本原理等）。

（8）电子计算机在电火花加工领域中应用的基本知识。

应会：

（1）看懂多种电火花加工机床的原理图和装配图。

（2）根据机床说明书，对各种电火花机床进行调整、试车和维修。

（3）改进工具、夹具，并绘制结构草图。

（4）编制加工工艺规程。

（5）加工精密、复杂的工件和模具。

（6）应用电加工技术独立解决生产中的疑难问题。

（7）应用推广新技术、新工艺、新设备、新材料，并对一般电火花加工设备进行改造。

工作实例：

（1）电火花成形机床加工多型腔塑料模（上下合模），表面粗糙度 R_a 为 1.25 μm。

（2）电火花线切割机床加工多孔级进模（15～20 孔），表面粗糙度 R_a 为 1.25 μm、公差等级 IT7。

（3）电火花线切割机床加工超过坐标尺寸的较复杂工件，表面粗糙度 R_a 为 1.25 μm、公差等级 IT7。

（4）脉冲电源波形失常的故障排除。

（5）看懂带有微型计算机的电火花加工机床原理图。

（6）相应复杂程序工件的加工。

参考文献

[1] 单岩，夏天. 数控线切割加工 [M]. 北京：机械工业出版社，2004.

[2] 单岩，夏天. 数控电火花加工 [M]. 北京：机械工业出版社，2004.

[3] 张学仁. 数控电火花线切割加工技术 [M]. 哈尔滨：哈尔滨工业大学出版社，2004.

[4] 赵万生. 电火花加工技术工人培训自学教材 [M]. 哈尔滨：哈尔滨工业大学出版社，2000.

[5] 董丽华，王东胜，佟锐. 数控电火花加工实用技术 [M]. 北京：电子工业出版社，2005.

[6] 熊熙. 数控加工实训教程 [M]. 北京：化学工业出版社，2003.

[7] 陕西汉川机床厂. 数控电火花线切割机床使用说明书 [M]. 2001.

[8] 汉川机床有限责任公司. 精密数控电火花成形机床使用说明书 [M]. 2003.

[9] 新火花机床厂. YH 系统线切割机床操作说明书 [M]. 2006.